物理化学实验

主　编　闫书一　向明礼

刘光灿　殷辉安

电子科技大学出版社

图书在版编目（CIP）数据

物理化学实验／闫书一等主编.—成都：电子科技大学
出版社，2008.12
ISBN 978-7-81114-768-1

Ⅰ.物… Ⅱ.闫… Ⅲ.物理化学－化学实验 Ⅳ.O64-33

中国版本图书馆 CIP 数据核字（2008）第 017364 号

内 容 简 介

  本书是在成都理工大学化学教研室几十年来校内所使用的《物理化学实验》各种版本教材以及在与向明礼老师合作的基础上修订而成。其内容包括误差及数据处理、热力学、电化学、动力学、分散系统性质、物性测定等实验，以及有关最新配套实验仪器介绍等。全书共有教学实验 21 个，每个实验都附有思考问题。实验十五对计算机处理数据、采集数据及过程控制作了介绍。

  本书可供高等院校化学化工类专业教学使用，也可作设有物理化学实验课的相关专业的参考书，对从事科研工作的技术人员也有一定的参考价值。

物理化学实验

主 编 闫书一 向明礼 刘光灿 殷辉安
副主编 梁 渠 李 绛 闫书诚

出 版：	电子科技大学出版社（成都市一环路东一段 159 号电子信息产业大厦 邮编：610051）
策划编辑：	罗 雅
责任编辑：	张 鹏
主 页：	www.uestcp.com.cn
电子邮箱：	uestcp@uestcp.com.cn
发 行：	新华书店经销
印 刷：	四川嘉华印务有限公司
成品尺寸：	185mm×260mm 印张 8.75 字数 220 千字
版 次：	2008 年 12 月第一版
印 次：	2008 年 12 月第一次印刷
书 号：	ISBN 978-7-81114-768-1
定 价：	15.00 元

前　言

　　为适应教学改革的需要，本书在成都理工大学化学教研室几十年来校内所使用的《物理化学实验》讲义各种版本教材的基础上，在向明礼老师的合作下修订而成。

　　教材修订也应该与时俱进，力求与教学改革的步伐和科学技术发展的需要相适应。因此，对本书再作修订是很有必要的。

　　本书实验项目是从近年我校开出频率较高的实验中精选而来，共 21 个实验。在此，保留了一些经典物理化学实验，因为它们在培养学生基本实验技能方面有着重要作用。全书分为四大部分，即：误差及数据处理；实验部分；附录；常用数据表。"误差及数据处理"这部分内容旨在鼓励学生用计算机处理数据。一般来说，对数据处理较简单的实验，不少学生有能力用计算机作图和处理数据，所以我们不再详细说明方法。部分实验增加了"思考题"、"教学讨论"、"参考资料"等栏目，内容涉及有关教学法的建议，实验意义和有关原理的进一步阐述，利用本实验的仪器和方法可进一步完成的选作课题，以及为开阔学生视野而列举的有关实验技术的应用等。

　　近年来计算机在实验研究工作中已获得广泛应用。本书列举了两个实例，对计算程序进行了描述和说明，以便于在教学中采用。然而，最好的方法是让学生对个别实验自己设计编写计算程序，以使其所学的计算机知识得以巩固和应用。

　　本书中的物理量、单位和符号的表示，表格的排列和文献的引用，也都按国家有关标准作了修改。原书附录中的部分内容，这次也做了必要的调整、删除、补充和更新。常用数据表也重新作了审核，进行了必要的修正。

　　参加本书修订工作的有阎书一、向明礼、刘光灿、殷辉安、梁渠、李绛、闫书诚。几十年来先后参加上述实验工作和实验讲义编写或修订工作的还有陈康生、李瑜、邓国刚、李来蒙、陈达士、徐锡珍、徐行同、张妫然、廖戎、杜鹃、余朝奇、余斌、陈鹰等同志。

　　本书的编撰受益于该领域国内同行先期的卓越工作，尤其受益于罗澄源、向明礼老师在长期的实验工作中的指导和两位老师毫无保留地提供的宝贵的实验参考资料。编者谨在此深表感谢！

　　限于编者学识水平，书中错漏之处在所难免，敬请读者不吝赐教和批评指正。

编　者

2008 年 6 月于成都理工大学

目　录

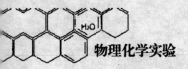

一、误差及数据处理

I　基本概念

在实验研究工作中，一方面要对实验方案进行分析研究，选择适当的测量方法进行数据的直接测量；另一方面还必须将所得数据加以整理归纳，以寻求被研究的变量间的规律。不论是测量工作还是数据处理，树立正确的误差概念是很有必要的。应该说，一个实验工作者具有正确表达实验结果的能力和他能作精细的实验工作的本领同等重要。下面简要介绍有关基本概念。

1. 系统误差　这种误差是由一定原因引起的，它使测量结果恒偏大或恒偏小，其数值或是基本不变，或是按一定规律而变化，但总可设法加以确定。因而在多数情况下，它们对测量结果的影响可以用改正量来校正。

系统误差主要由下列原因所引起：

（1）仪器误差：是由于仪器结构上的缺点所引起，如天平的两臂不等，气压计的真空不完善，温度计未经校正，仪器示数部分的刻度划分得不够准确等。这类误差可以通过检定的方法来校正。

（2）试剂误差：在化学实验中，试剂中杂质的存在有时会给结果带来极其严重的影响，因此试剂的提纯是一件十分重要的工作。

（3）个人误差：是由于观测者个人的习惯和特点所引起的，如记录某一信号的时间总是滞后，读取仪表读数时总是把头偏向一边，判定滴定终点的颜色程度因人而异。

（4）方法误差：是因为实验方法的理论根据有缺点，或引用了近似公式所造成的。

实验工作者的重要任务之一是找出系统误差的存在，并尽可能将其校正。要是我们不知道系统误差存在的话，则其危害是很难估计的。实践告诉我们，单凭一种方法所得结果往往是不可靠的，只有不同实验者用不同方法、不同仪器所得数据相符合，才可以认为系统误差已基本消除。正如相对原子质量总不是单用一种方法确定的一样。

2. 偶然误差　即使系统误差已被校正，但在同一条件下，以同等仔细程度对某一个量进行重复观察时，仍会发现测得值间存在微小差异，这种差异的产生是没有一定原因的，差值的符号和大小也不确定。例如观察温度或电流时呈现微小的起伏，估计仪器最小分度时偏大或偏小，控制滴定终点的指示剂颜色稍有深浅等都是难以避免的，这是同一个量多次测定的结果不能绝对吻合的原因。

3. 疏失误差　是由于测量过程中读数读错，记录记错，计算出错，或实验条件的突然改变等原因所引起。如果在实验中发现了疏失误差，便应及时纠正或将所得数据弃去。

系统误差和疏失误差总是可以避免的，而偶然误差则是不可避免的，因此最好的实验结果应该只含有偶然误差。

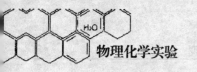

4. 准确度和精密度 准确度是指测量结果的正确性，即与所谓真值[①]偏离的程度。精密度则是指测量结果的再现性以及测得数值的有效数字位数。例如，用两支水银温度计测量超级恒温水浴的温度，一支温度计的最小分度是 1℃，多次测量的平均结果是（25.2±0.2）℃；另一支温度计的最小分度是 0.1℃，多次测量的平均结果是（25.18±0.02）℃。第二支温度计测量结果包含四位有效数，它的读数精度是较高的。又如，用一支温度计进行一种液体凝固点的重复测量，各次测量结果的差异可能很大，也可能很小。若差异很小，就可以说测量的再现性高，测量的技术是精密的。因此，"精密度"一词包括了测量值的再现性及测量结果表示出的有效数字位数两个因素。当进行某一个量的重复测量之后，已确信从上述两方面来说是精密的，如果不能确定是否有系统误差存在（例如温度计未经校正），虽然测量很精密，也可能是不准确的。因此，**高的精密度不能保证高的准确度，但高的准确度就必须有高的精密度来保证。**

5. 绝对误差与相对误差 绝对误差是测量值与真值间的差异。相对误差是绝对误差与真值之比。

$$绝对误差 = 测量值 - 真值$$

$$相对误差 = \frac{绝对误差}{真值}$$

绝对误差的单位与被测量是相同的，而相对误差的单位是一，因此不同物理量的相对误差可以互相比较。另外，绝对误差的大小与被测之量的大小无关，而相对误差与被测之量的大小及绝对误差的数值都有关系。因此，不论是比较各种测量的精度还是评定测量结果的质量，采用相对误差都更为合理。

6. 测量精度的评价 当我们在相同条件下对某一个量进行重复测量时，由于偶然误差的存在将会得到不同的观测值，那么，什么是被测之量的最佳代表值呢？如能确定这个最佳代表值的话，它的精度如何？

如果用多次重复测量的数据作图，以横坐标表示偶然误差 δ，纵坐标表示各偶然误差出现的次数 N，则可得到如图 1-1 所示的曲线。图中每一条曲线表示用同一方法在相同条件下对同一个量进行多次测量的结果。如果所用方法或条件不同，就会得到不同形状的分布曲线。从各曲线可以看出，误差分布具有对称性，即正负误差出现的概率相等。因此，多次测量的算术平均值是被测之量的最佳代表值。即：

$$\bar{x} = \frac{1}{n}\sum_{i=1}^{n}x_i$$

式中：$\bar{x}$——算术平均值；n——测量次数；x_i——个别测量值。

同时还可看出，曲线形状是两头低，中间高，即小的误差比大的误差出现的概率高。这种形状的曲线叫做偶然误差的正态分布曲线（或称高斯分布曲线），它的解析式可写成：

$$N = \frac{1}{\sigma\sqrt{2\pi}}e^{-\frac{\delta^2}{2\sigma^2}}$$

---

① 实际测得值都只能是近似值，这里所指的真值是用校正过的仪器多次测量所得的算术平均值或是载入文献手册的公认值。

式中： $\sigma = \sqrt{\dfrac{1}{n}\sum_i \delta_i^2}$ 即为均方根误差。

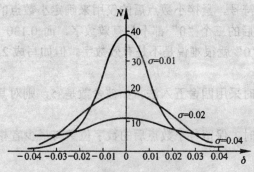

图 1-1　偶然误差正态分布曲线

由此可见，σ愈小，小的偶然误差出现的概率愈大，误差分布曲线愈尖耸，表现出测量精度愈高；σ愈大，则情况相反。因而均方根误差表征着测量精度，故有很多部门采用它作为评价测量精度的标准，因而又称为标准误差。

实际运算中，我们是用个别测量值与算术平均值的偏差 d 代替偶然误差 δ，即：

$$d_i = x_i - \bar{x}$$

这时标准误差的计算式为：

$$\sigma = \sqrt{\dfrac{\sum_i d_i^2}{n-1}}$$

除此之外，我们也经常采用平均误差 ε 来评定测量精度，即：

$$\varepsilon = \dfrac{1}{n}\sum_{i=1}^{n}|d_i|$$

这种方法的优点是计算简单，缺点是算术平均可能把质量不高的测量掩盖，因而对测量质量的检验不如标准误差的灵敏度高。

7. 可疑观测值的舍弃　从概率理论可知，大于 3σ 的误差的出现概率只有 0.3%，故通常把这一数值称为极限误差，即：

$$\delta_{极限} = 3\sigma$$

如果个别测量的误差超过 3σ，那么就可以认为属于疏失误差而将其舍弃。重要的是当观测值较少时，如何从少数几次观测值中舍弃可疑值的问题。这是因为当测量次数少时，概率理论已不适用，个别失常测量值对算术平均的影响会很大。

H. M. Goodwin 曾提出一个简单的判断法，即略去可疑观测值后，计算其余各观测值的平均值及平均误差 ε，然后算出可疑观测值与平均值的偏差 d，如果 $d \geqslant 4\varepsilon$，则此可疑值可以舍弃。因为这种观测值存在的概率大约只有 1/‰。还须注意舍弃的数据个数不能大于数据总数的 1/5。当一数据的值与另一个或更多的数据相同时，也不能舍弃。

8. 关于有效数字　由前面的讨论可以理解，任何测量的准确度都是有限的，我们只能以一定的近似值来表示这些测量结果。因此，测量结果数值计算的准确度就不应该超过测量的准确度。如果任意地将近似值保留过多的位数，反而会歪曲测量结果的真实性。下面就数值运算规则作简略介绍。

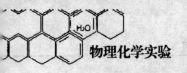

（1）当记录一个量的数值时，只需写出它的有效数字，并尽可能包括测量误差。如果没有标明误差值，可以假定其为最后一位数字的正负一个单位或 0.5 个单位。在确定有效数字时，须注意"0"这个符号。紧接小数点后的仅用来确定小数点的位置，不算有效数字。例如，0.00012 中小数点后的三个"0"都不是有效数字，而 0.130 中小数点后的"0"是有效数字。至于 250 中的"0"就很难说是不是有效数字。但如写成 2.50×10^2，这种表示就比较清楚了。

（2）舍去多余数字时采用四舍五入法。如被舍数是 5，则对其前一位数采取"奇进偶舍"的方法。

（3）进行加减运算时，保留各小数点后的数字位数与最少者相同。

例如：

$$
\begin{array}{r}
00.120 \\
12.232 \\
+\quad 1.5683 \\
\hline
\end{array}
\quad ，舍去多余数字后 \quad
\begin{array}{r}
00.12 \\
12.23 \\
+1.57 \\
\hline
13.92
\end{array}
$$

（4）当数值的首位大于 8，就可多算一位有效数字，如 9.12 在运算时可看成四位有效数字。

（5）在乘除法运算中保留各数的有效位数不大于其中有效数字最低者。

比如：$\dfrac{1.578 \times 0.182}{81}$，其中 81 的有效数字最低，但由于首位是 8，故把它看成三位有效数字。其余各数都保留到三位，这时上式变为 $\dfrac{1.58 \times 0.0182}{81} = 3.55 \times 10^{-4}$，最后结果也只保留三位有效数字。

对于复杂的计算，应先加减，后乘除。

比如：$\left[\dfrac{0.552 \times (82.52 + 4.4)}{662 - 642}\right]^{\frac{1}{2}} = \left[\dfrac{0.552 \times 86.9}{20}\right]^{\frac{1}{2}} = \left[\dfrac{0.55 \times 87}{20}\right]^{\frac{1}{2}} = 1.5$

在复杂运算未达最后结果之前的中间各步，可保留各数值位数较上述规则多一位，以免多次四舍五入造成误差积累，对结果带来较大影响。但最后结果仍保留其应有的位数。使用计算器或计算机进行运算，在取用最后结果时必须注意保留适当的有效数字。

（6）在整理最后结果时，须将测量结果的误差进行化整，表示误差的有效数字最多用两位，如（122.84 ± 0.12）cm。当误差部分第一位数为 8 或 9 时，只需保留一位。测量值的末位数应与误差的末位数对应。

例如：测量结果为：
$$x_1 = 1001.77 \pm 0.033$$
$$x_2 = 237.464 \pm 0.127$$
$$x_3 = 123357 \pm 878$$

化整结果为：
$$x_1 = 1001.77 \pm 0.03$$
$$x_2 = 237.46 \pm 0.13$$
$$x_3 = (1.234 \pm 0.009) \times 10^5$$

表示测量结果的误差时，应指明是平均误差、标准误差、概率误差或是自己估计的最大误差。

（7）计算式中的常数如π，e及乘子如$\sqrt{2}$，1/2 和一些取自手册的常数，可以按需要取有效数字，例如当计算式中有效数字最低者是三位，则上述常数取三位或四位即可。

（8）在对数计算中所取对数位数（以 10 为底的对数，首数除外）应与真数有效数字相同。

（9）计算平均值时，如参加平均的数值有四个以上，则平均值的有效数字可多取一位。

Ⅱ　误　差　分　析

在实验研究工作中，我们所需要的通常不是直接测量的结果，而是把一些直接测量值代入一定关系式中，再计算出所需要的值。例如，气化法测液体摩尔质量时，常采用理想气体公式 $M = \dfrac{mRT}{pV}$ 来计算结果。因此，摩尔质量是各直接测得的 m、p、V 和 T 的函数。各直接测量值的误差将影响函数的误差（这里尚未涉及由于采用了近似公式所引入的系统误差）。

误差分析的基本任务在于查明直接测量值的误差对函数（间接测量值）误差的影响，从而找出函数的最大误差来源，以便合理配置仪器和选择实验方法。

误差分析本限于对结果最大误差的估计，因此对各直接测量值只需预先知道其最大误差范围就够了。当系统误差已经校正，而操作控制又足够精密时，通常可用仪器读数精度来表示测量误差范围，如分析天平是±0.0002g，50ml 滴定管是±0.02ml，贝克曼温度是±0.002℃。

有不少例子可以说明操作控制精度常与仪器精度不相符合，例如，恒温系统温度的无规律变化是±1℃，而测温用的温度计的精度是±0.1℃，这时的测温误差显然主要由温度控制的精度所决定。

在估计函数的最大误差时应考虑到最不利的情况，即直接测量值的正负误差不能对消，从而引起误差积累，故算式中各直接测量值的误差取绝对值。

间接测量一般具有多元函数的形式，而多元函数的增量可由函数的全微分求得。

设函数式为：　　　　　　　　　　　$N = f(x, y, z, \cdots)$

全微分　　　　　　　$$dN = \frac{\partial N}{\partial x}dx + \frac{\partial N}{\partial y}dy + \frac{\partial N}{\partial z}dz + \cdots$$

设各自变量的绝对误差（Δx，Δy，Δz，$\cdots$）是很小的，可代替它们的微分（dx，dy，dz，$\cdots$），并考虑误差积累而取其绝对值。

由于　$d\ln N = \dfrac{dN}{N}$，因此，在适于取对数的场合可在取对数后再微分，这时就可以直接得到相对误差。如表 1-1 所示为一些函数的误差计算式。

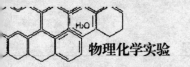

表 1-1　一些函数的误差计算式

函数关系	绝对误差	相对误差
$N = x+y$	$\pm(\lvert\Delta x\rvert + \lvert\Delta y\rvert)$	$\pm\left(\dfrac{\lvert\Delta x\rvert + \lvert\Delta y\rvert}{x+y}\right)$
$N = x-y$	$\pm(\lvert\Delta x\rvert + \lvert\Delta y\rvert)$	$\pm\left(\dfrac{\lvert\Delta x\rvert + \lvert\Delta y\rvert}{x-y}\right)$
$N = xy$	$\pm(x\lvert\Delta y\rvert + y\lvert\Delta x\rvert)$	$\pm\left(\dfrac{\lvert\Delta x\rvert}{x} + \dfrac{\lvert\Delta y\rvert}{y}\right)$
$N = x/y$	$\pm\left(\dfrac{y\lvert\Delta x\rvert + x\lvert\Delta y\rvert}{y^2}\right)$	$\pm\left(\dfrac{\lvert\Delta x\rvert}{x} + \dfrac{\lvert\Delta y\rvert}{y}\right)$
$N = x^n$	$\pm(nx^{n-1}\lvert\Delta x\rvert)$	$\pm\left(n\dfrac{\lvert\Delta x\rvert}{x}\right)$
$N = \ln x$	$\pm\left(\dfrac{\lvert\Delta x\rvert}{x}\right)$	$\pm\left(\dfrac{\lvert\Delta x\rvert}{x\ln x}\right)$

例1　设函数式为：$x = \dfrac{8LRP}{\pi(m-m_0)rd^2}$

取对数：$\ln x = \ln 8 + \ln L + \ln R + \ln p - \ln\pi - \ln(m-m_0) - \ln r - 2\ln d$

微分：$\dfrac{\mathrm{d}x}{x} = \dfrac{\mathrm{d}L}{L} + \dfrac{\mathrm{d}R}{R} + \dfrac{\mathrm{d}P}{P} - \dfrac{\mathrm{d}(m-m_0)}{m-m_0} - \dfrac{\mathrm{d}r}{r} - \dfrac{2\mathrm{d}(d)}{d}$

$$\frac{\Delta x}{x} = \pm\left[\left\lvert\frac{\Delta L}{L}\right\rvert + \left\lvert\frac{\Delta R}{R}\right\rvert + \left\lvert\frac{\Delta P}{P}\right\rvert + \left\lvert\frac{\Delta m + \Delta m_0}{m-m_0}\right\rvert + \left\lvert\frac{\Delta r}{r}\right\rvert + \left\lvert\frac{2\Delta d}{d}\right\rvert\right]$$

例2　以苯为溶剂，用凝固点降低法测定萘的摩尔质量时，用下式计算：

$$M_B = \frac{K_f m_B}{m_A(t_f^* - t_f)}$$

式中：t_f^*——溶剂凝固点；t_f——溶液凝固点；

　　m_A——溶剂质量；

　　m_B——溶质质量；

　　K_f——5.12K · mol^{-1} · kg。

因此：

$$\frac{\Delta M_B}{M_B} = \pm\left(\left\lvert\frac{\Delta m_B}{m_B}\right\rvert + \left\lvert\frac{\Delta m_A}{m_A}\right\rvert + \left\lvert\frac{\Delta t_f^* + \Delta t_f}{t_f^* - t_f}\right\rvert\right)$$

由于测定凝固点的操作条件难于控制，为了提高测量精度而采用多次测量。称量的精度一般都较高，只进行一次测量。

用贝克曼温度计测量溶剂凝固点三次的读数是：$t_{f1}^* = 5.801℃$；$t_{f2}^* = 5.790℃$；$t_{f3}^* = 5.802℃$。

平均值：

$$t_f^* = \frac{5.801 + 5.790 + 5.802}{3}℃ = 5.797℃$$

各次测量偏差：

$$\Delta t_{f1}^* = （5.801-5.797）℃ = +0.004℃$$

$$\Delta t_{f2}^* = （5.790-5.797）℃ = -0.007℃$$

$$\Delta t_{f3}^* = （5.802-5.797）℃ = +0.005℃$$

平均误差： $\quad \Delta t_f^* = \pm\dfrac{0.004+0.007+0.005}{3}℃ = \pm0.005℃$

测量溶液凝固点三次的读数是：$t_{f1} = 5.500℃$；$t_{f2} = 5.504℃$；$t_{f3} = 5.495℃$。

平均值： $\qquad\qquad t_f = 5.500℃$

平均误差： $\qquad\qquad \Delta t_f = \pm0.003℃$

$$t_f^* - t_f = （5.797-5.500）℃ = 0.297℃$$

$$\Delta t_f^* + \Delta t_f = \pm（0.005+0.003）℃ = \pm0.008℃$$

由上述数据得到的相对误差如表 1-2 所示。

表 1-2　测量值的相对误差

测 量 值	仪器精度	相对误差
$m_B = 0.1472g$	$\pm0.0002g^*$	$\dfrac{\Delta m_B}{m_B} = \dfrac{0.0002}{0.15} = \pm1.3\times10^{-3}$
$m_A = 20.00g$	$\pm0.05g^{**}$	$\dfrac{\Delta m_A}{m_A} = \dfrac{0.05}{20} = \pm2.5\times10^{-3}$
$t_f^* - t_f = 0.297℃$	$\pm0.002℃^{***}$	$\dfrac{\Delta t_f^* + \Delta t_f}{t_f^* - t_f} = \dfrac{0.008}{0.3} = \pm0.027$

注：* 分析天平；**工业天平；***贝克曼温度计。

$$\frac{\Delta M_B}{M_B} = \pm(1.3\times10^{-3} + 2.5\times10^{-3} + 0.027) = \pm0.031$$

$$M_B = \frac{5.12\times0.1472}{20.00\times0.297}kg\cdot mol^{-1} = 0.127kg\cdot mol^{-1}$$

$$\Delta M_B = \pm(0.127\times0.031)kg\cdot mol^{-1} = \pm0.0039kg\cdot mol^{-1}$$

故结果可写成：$M_B = (127\pm4)g\cdot mol^{-1}$。

这一结果表示了可能的最大误差。

从直接测量值的误差来看，最大的误差来源是温度差的测量。而温度差测量的相对误差取决于测温的精度和温差的大小。测温精度受到温度计精度和操作技术条件的限制。增多溶质可使凝固点下降增大，即能增大温差，但溶液浓度增加不符合上述公式要求的稀溶液条件，从而引入另一系统误差。

可以看出，由于溶剂用量较大，使用工业天平其相对误差仍然不大，而对溶质则因其用量少，就需用分析天平称量。

应该重复指出：只有当测量的操作控制精度与仪器精度相符时，才能以仪器精度估计测量的最大误差。贝克曼温度计的读数精度可达$\pm0.002℃$，但上例中测定温差的最大误差可达$\pm0.008℃$就是很好的例证。

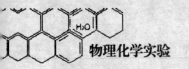

以上所讨论的是已知直接测量值的误差，再计算函数误差。下面讨论如果事先对函数误差提出了要求，则对各直接测量值应如何要求。

例 3 计算圆柱形体积的公式是 $V = \pi r^2 h$，若使体积测量的误差不大于 1%，即 $\frac{\Delta V}{V} = \pm 1\%$，对 r、h 的精度有什么要求？

通常把各直接测量值对函数所传播的误差看成是相等的，即按所谓"等传播原则"来确定各直接测量值的误差，这时

$$\frac{\Delta V}{V} = \pm\left[2\left|\frac{\Delta r}{r}\right| + \left|\frac{\Delta h}{h}\right|\right] = \pm 0.01$$

故

$$2\frac{\Delta r}{r} = \frac{\Delta h}{h} = \pm\frac{1}{2}\times 0.01 = \pm 0.005$$

或

$$\frac{\Delta r}{r} = \pm 0.0025 = 0.25\% \text{（即 } 0.0025\times 100\%\text{）}$$

$$\frac{\Delta h}{h} = \pm 0.005 = 0.5\% \text{（即 } 0.005\times 100\%\text{）}$$

粗略测得 $h = 5$cm，$r = 1$cm，则

$$\Delta r = \pm 0.0025\times 10\text{mm} = \pm 0.025\text{mm}$$

$$\Delta h = \pm 0.005\times 50\text{mm} = \pm 0.25\text{mm}$$

可以看出，要求 r 的绝对误差比 h 小 10 倍。因此 h 可用游标卡尺测量，r 应该使用螺旋测微尺。

例 4 用双毛细管上升法测液体表面张力按下式计算：

$$\sigma = \frac{r_1 r_2 h}{2(r_1 - r_2)}\rho g$$

式中：r_1、r_2——两毛细管半径；h——两管液体上升高度差；g——重力加速度；ρ——液体密度。

要求表面张力测定的相对误差不超过 0.1%，则对各直接测量值有什么要求？

已知各直接测量值的近似值是：$r_1 = 0.5$mm；$r_2 = 0.2$mm；$h = 45$mm。ρ 和 g 取自手册，可认为不引入误差。

$$\frac{\Delta\sigma}{\sigma} = \pm\left(\left|\frac{\Delta r_1}{r_1}\right| + \left|\frac{\Delta r_2}{r_2}\right| + \left|\frac{\Delta r_1 + \Delta r_2}{r_1 - r_2}\right| + \left|\frac{\Delta h}{h}\right|\right) = \pm 0.001$$

按等传播原则可以得到：

$$\frac{\Delta r_1}{r_1} = \frac{\Delta r_2}{r_2} = \frac{\Delta r_1 + \Delta r_2}{r_1 - r_2} = \frac{\Delta h}{h} = \pm 0.00025$$

因此，各测定值的绝对误差为：

$$\Delta r_1 = \pm 0.00025\times 0.5\text{mm} = \pm 0.000125\text{mm}$$

$$\Delta r_2 = \pm 0.00025\times 0.2\text{mm} = \pm 0.00005\text{mm}$$

$$\Delta h = \pm 0.00025\times 45\text{mm} = \pm 0.01\text{mm}$$

显然，选用读数显微镜测量毛细管半径也不能达到如此高的精度，必须采用其他更精密的测量手段才能满足所提出的要求。

在进行误差分析时还应注意是否存在不利的函数形式，例如，有高次方和大小相近的两数值相减项的存在。前者使该项相对误差按方次的倍数增大，而后者可使原来的有效数字大大减少，从而使相对误差急剧增大。

III　实验数据处理

实验结果通常可用三种形式表示，即列表、作图和方程式。一篇好的实验报告往往三种形式都要用到。下面简单介绍应用这三种方法时的注意事项。

1. 列表法

数据处理的第一步就是把所得结果设计成表格形式，有规律地排列出来。列表时应注意下列事项：

（1）每个表都应有一个编号和完整的名称。

（2）由于表中列出的常常是一些纯数值，因此置于这些纯数之前或之首的栏头应能表示出该栏的单位已经消去，故得出的只是纯数。物理量与单位之间的关系是：物理量 = 数值×单位。

因此，物理量/单位 = 数值，故列表时表头应将物理量除以单位，而表中则为数值。

（3）公共的乘方因子应记在栏头中，以使数据简化，因此表中的数应是乘上栏头中的乘方因子后得出的。

（4）每列的数字排列要整齐，小数点要对齐。有效数字要取正确。

（5）表中数据如取自文献手册，则应注明出处。

如表 1-3 所示为 CO_2 的平衡性质。

表 1-3　CO_2 的平衡性质

$t/$（℃）	$T/$（K）	10^3K$/T$	$p/$（MPa）	$\ln(p/\text{MPa})$	$V_m^g/$（cm$^3\cdot$mol^{-1}）	pV_m^g/RT
−56.60	216.55	4.6179	0.5180	−0.6578	3177.6	0.9142
0.00	273.15	3.6610	3.4853	1.2485	456.97	0.7013
31.04	304.19	3.2874	7.382	1.9990	94.060	0.2745

2. 作图法

用作图法表示实验数据能清楚地显示出所研究的变化规律，如极大、极小、转折点、周期性、数量的变化大小等重要性质。从图上容易找出所需数据，同时便于数据的分析比较和进一步求得函数关系的数学表示式。如果曲线足够光滑，则可用于图解微分和图解积分。有时还可用作图外推，以求得实验难于获得的量。

下面简略介绍作图方法的要点：

（1）坐标纸的选择：通常的直角毫米坐标纸能满足大多数用途，有时也用半对数或对数坐标纸。特殊需要时用三角坐标纸或极坐标纸。

（2）坐标标度的选择：坐标纸选定后，其次是正确标度，这时应注意下列问题：

a）通常都习惯把独立变量选为横坐标。至于两个变量中何者为独立变量，多数情况取决于实验方式。例如，测定温度与比热容之间的关系是按照预定的温度进行测定的，则温度就是独立变量。

b）所选定的坐标标度应便于快速从图上读出任一点的坐标值。通常应使单位坐标格子所代表的变量为简单整数（选为 1、2、5 的倍数，不宜用 3、7、9 的倍数）。如无特殊需要（如直线外推求截距），就不必以坐标原点作标度起点，而从略低于最小测量值的整数开始，这样才能充分利用坐标纸，使作图紧凑，同时读数精度也得到提高。如图 1-2（a）和图 1-3（a）所示代表正确的作图法，如图 1-2（b）和图 1-3（b）所示代表不恰当的作图法。

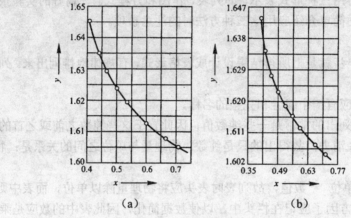

图 1-2 坐标标度的选择

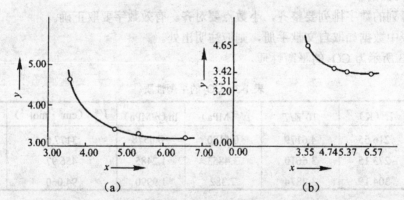

图 1-3 坐标原点及比例尺的选择

c）坐标比例尺的选择，应使变量的绝对误差在图上相当于坐标的 0.5～1 个最小分度，如以 $\pm\Delta x$，$\pm\Delta y$ 分别表示两个变量的绝对误差，则 $\pm\Delta x$ 和 $\pm\Delta y$ 在毫米坐标纸上约等于 1～2mm，因而点子的大小也约为（$\pm\Delta x$）（$\pm\Delta y$）大小的矩形面积。

比例尺选择不当还会使曲线变形，甚至由此得出错误的结论。例如，按下列 x 与 y 的关系作图，由于纵轴比例尺及其测量误差不同，可以作出如图 1-4、图 1-5、图 1-6 及图 1-7 所示的几种曲线形式。

x：1.0； 2.0； 3.0； 4.0

y：8.0； 8.2； 8.3； 8.0

表面看来，图 1-4 中的 y 似乎不随 x 而变。而从图 1-7 可以看出：当 $x=3$ 时有明显的极大值。现在来考察作图精度是否与测量精度吻合的问题。

当 y 的测量精度是 $\Delta y = \pm 0.2$，x 的测量精度是 $\Delta x = \pm 0.05$，从图 1-4 纵轴可以确定出 ± 0.2 个单位，横轴可确定 ± 0.05 个单位，因此测量和作图的精度是吻合的，而 y 以如此低的精度进行测量显然不能揭示 x 与 y 间的变化规律。

如果将纵轴的作图精度提高，绘成图 1-5 的形式，则由于测量误差过大，单凭提高作图的精度，其后果是测量点在图上的位置极不确定，因而无法连成曲线。

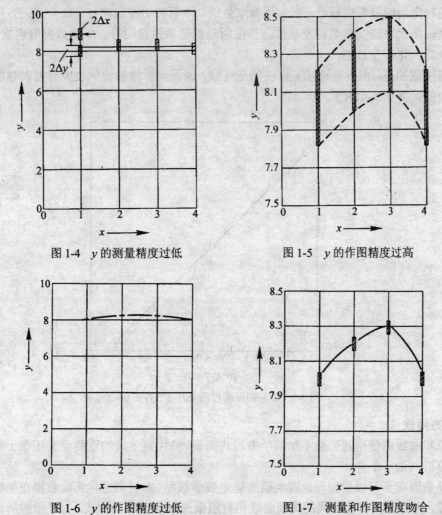

图 1-4 y 的测量精度过低   图 1-5 y 的作图精度过高

图 1-6 y 的作图精度过低   图 1-7 测量和作图精度吻合

如果 y 的测量误差是 $\Delta y = \pm 0.02$，而 x 的测量误差仍是 $\Delta x = \pm 0.05$，则从图 1-6 的纵轴难以读出 $\pm \Delta y$ 的数值，显然 y 轴的读数精度与测量精度不符，当采用如图 1-7 所示的比例尺后，x 与 y 之间的规律就能清楚地显示出来。

采用上述方法作图，有时会使图纸过于庞大，以致不便使用和读数，实际作图时经常是坐标尺寸有所缩小，但对通常的实验来说，图纸不能小于 10cm×10cm。

（3）在作图过程中有时发现有个别远离曲线的点，若没有根据判定 x 与 y 在这一区间有突变存在，则只能认为是来自疏失误差。如果检查计算未发现错误，又不能重做实验来进行验证，则绘制曲线时只好不照顾这一点。如果重做实验仍然得到同一结果，就应引起重视，并在这一区间重复进行较仔细的测量。通常对于有规律的平滑曲线可不必取过多的点，但在

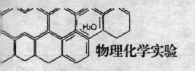

曲线的极大、极小和转折处应多取一些点，才能保证曲线所表示的规律是可靠的。

（4）曲线应尽可能贯穿大多数点，使处于光滑曲线两边地点数约各占一半，这样的曲线就能近似地代表测量的平均值。绘制曲线可用曲线板或曲线尺，要尽可能使其光滑。点可用△、×、●、○、◇等不同符号表示，且必须在图上明显的标出。点应有足够的大小，它可以粗略表明测量误差范围。

作图时先用铅笔轻微标绘，然后用墨水复绘，干后将铅笔线擦掉。每个图应有简明的标题、纵横轴所代表的变量名称及单位、作图所依据的条件说明等。如果数据取自文献手册，应注明来源、作者及日期。

应该注意的是，由于坐标轴上标注的是纯数，因而坐标轴的说明也应与列表时标注栏头的方法相同，如图 1-8 所示。

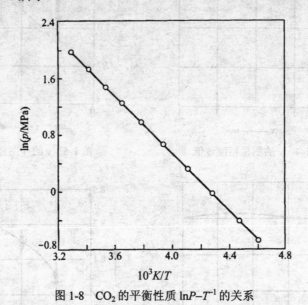

图 1-8　CO_2 的平衡性质 $\ln P - T^{-1}$ 的关系

3．方程式法

列表和曲线图使用起来总不如数学方程式简便。使用数学式的重要意义还在于它为使用电子计算机创造了条件。

在某些情况下可以根据理论或经验来确定数学模型。有时则先将实验数据在坐标纸上描绘成曲线，再将其与有关公式的典型曲线相对照来选择适当的函数式。为了检验所选函数式的正确性，通常采用直线化检验法。所谓直线化就是将函数 $y = f(x)$ 转换成线性函数。要达到这个目的，可以选择新的变量 $X = \phi(x, y)$ 和 $Y = \psi(x, y)$ 来代替变量 x 和 y，以便得出直线方程式 $Y = A + BX$。

如表 1-4 所示列出了几个常见的例子。

检验的方法是按新变量（X，Y）在直角坐标纸上作图，如果点在一直线上或接近一直线，即表明所选函数式适于用来表达所研究的变量间的规律。

将函数直线化后，除了作图上的方便以外，还容易由直线的斜率和截距求得方程式中的系数和常数。

作图法求直线方程的系数和常数最为简单，适用于数据较少且不十分精密的场合，在物理学化实验中用得很多。现以处理下列数据为例加以说明。

x: 1.00； 3.00； 5.00； 8.00； 10.0； 15.0； 20.0

y: 5.4； 10.5； 15.3； 23.2； 28.1； 40.4； 52.8

表 1-4   一些函数的直线化结果

方 程 式	变 换	直线化后的方程式
$y = ae^{bx}$	$Y = \ln y$	$Y = \ln a + bx$
$y = ax^b$	$Y = \ln y$，$X = \ln x$	$Y = \ln a + bX$
$y = \dfrac{1}{a+bx}$	$Y = \dfrac{1}{y}$	$Y = a + bx$
$y = \dfrac{x}{a+bx}$	$Y = \dfrac{x}{y}$	$Y = a + bx$

用上列数据作出图 1-9，其函数关系用下列直线方程表示：

$$y = mx + b$$

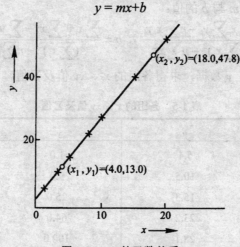

图 1-9 y-x 的函数关系

从直线上取距离较远的两个点的坐标值用来计算直线的斜率和截距。

$$m = \frac{y_2 - y_1}{x_2 - x_1} = \frac{47.8 - 13.0}{18.0 - 4.0} = 2.49$$

$$b' = y_1 - mx_1 = 3.04$$

$$b'' = y_2 - mx_2 = 2.98$$

$$b = \frac{b' + b''}{2} = 3.01$$

当然，b 也可以从直线与纵轴的交点直接读出。

将 m 及 b 代入直线方程，即得

$$y = 2.49x + 3.01$$

用最小二乘法处理数据能使实验数据与数学方程最佳拟合。这时，实验数据点同直线（或曲线）的偏差的平方和为最小。由于各偏差的平方和为正数，如果平方和为最小即意味着正

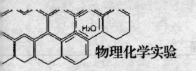

负偏差均很小，显然也就是最佳拟合。

最简单的情况是直线拟合，这时应该是：

$$\Delta = \sum_1^n (b + mx_i - y_i)^2 = 最小$$

式中：x_i，y_i——已知实验数据；b，m——未知数。根据求极值的条件，应有：

$$\begin{cases} \dfrac{\partial \Delta}{\partial b} = 2\sum_1^n (b + mx_i - y_i) = 0 \\ \dfrac{\partial \Delta}{\partial m} = 2\sum_1^n x_i(b + mx_i - y_i) = 0 \end{cases}$$

亦即

$$\begin{cases} nb + m\sum_1^n x_i = \sum_1^n y_i \\ b\sum_1^n x_i + m\sum_1^n x_i^2 = \sum_1^n x_i y_i \end{cases}$$

解联立方程式即可得 m 与 b 的值：

$$m = \frac{\sum x_i \sum y_i - n\sum x_i y_i}{\left(\sum x_i\right)^2 - n\sum x_i^2}, \quad b = \frac{\sum x_i y_i \sum x_i - \sum y_i \sum x_i^2}{\left(\sum x_i\right)^2 - n\sum x_i^2}$$

现根据前列 7 组的 x、y 数据，求得各组的 x^2、xy 值及 Σ 值，如表 1-5 所示。

表 1-5　各组的 x^2、xy 值及 Σ 值

x	y	x^2	xy
1.0	5.4	1.0	5.4
3.0	10.5	9.0	31.5
5.0	15.3	25.0	76.5
8.0	23.2	64.0	185.6
10.0	28.1	100.0	281.0
15.0	40.4	225.0	606.0
20.0	52.8	400.0	1056.0
Σ　62.0	175.7	824.0	2242.0

将表 1-5 中的 Σx，Σy，Σx^2，Σxy 及 $n = 7$ 代入 m、b 的求解式求得：

$$m = \frac{(62.0)(175.7) - 7(2242.0)}{(62.0)^2 - 7(824.0)} = 2.50$$

$$b = \frac{(2242.0)(62.0) - (175.7)(824.0)}{(62.0)^2 - 7(824.0)} = 3.00$$

因而所求直线方程式为

$$y = 2.50x + 3.00$$

最小二乘法所得结果最准确。计算虽繁，用可编程序计算器或计算机计算就非常简便了。

最后还要再强调关于测量、计算和作图三者的精度配合的问题。在进行测量时，应使各

直接测量值的精度互相配合，不应使其中某些测得过分精密，而另一些则精度不够，致使最后结果仍然达不到精度要求；计算时应根据测量精度保留一定的有效数字，不得任意提高计算精度；作图时则应适当选择坐标比例尺，使读数精度与前两者的精度吻合。

IV   计算机作图与待定参数的非线性拟合

在物理化学实验中常用作图法处理实验数据。当参数以非线性形式出现在数学模型中时，可以通过各种变换将非线性度为线性模型，然后用作图法或线性最小二乘法处理。这种方法虽然较简便，但仍然存在两方面的问题：一是将模型线性化后，往往破坏了原有误差分布，从而难于获得待定参数的最佳估计值；二是对于变量多或复杂的非线性模型，线性变换十分困难，有时甚至不可能。也有一些实验需用图解微分处理数据，这就更显繁难。因此，需要寻求另一类非线性曲线拟合处理数据确定待定参数的方法。

Origin 和 Excel 等软件都具有较强的作图和数据处理功能。除了可用来方便地作图外，还可用来进行非线性曲线拟合求数学模型中的待定参数。

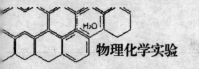
二、实　验　部　分

实验一　燃烧热的测定

目的

用氧弹式量热计测定萘的摩尔燃烧焓。

原理

燃烧焓是指 1mol 物质在等温、等压下完全氧化的焓变。"完全氧化"的意思是化合物中的元素生成较高级的稳定氧化物，如碳被氧化成 CO_2（气），氢被氧化成 H_2O（液），硫被氧化成 SO_2（气）等。燃烧焓是热化学中重要的基本数据，因为许多有机化合物的标准摩尔生成焓都可通过盖斯定律由它的标准摩尔燃烧焓及二氧化碳和水的标准摩尔生成焓求得。通过燃烧焓的测定，还可以判断工业用燃料的质量等。

由上述燃烧焓的定义可知，在非体积功为零的情况下，物质的燃烧焓常以物质燃烧时的热效应（燃烧热）来表示，即 $\Delta_c H_m = Q_{p \cdot m}$。因此，测定物质的燃烧焓实际就是测定物质在等温、等压下的燃烧热。

量热法是热力学实验的一个基本方法。测定燃烧热可以在等容条件下，也可以在等压条件下进行。等压燃烧热（Q_p）与等容燃烧热（Q_v）之间的关系为：

$$Q_p = Q_v + \Delta m(RT) = \Delta \xi \sum v_B(g)RT \qquad (2\text{-}1)$$

或

$$Q_{pm} = Q_{vm} + \sum v_B(g)RT$$

式中，$Q_{p \cdot m}$ 或 $Q_{v \cdot m}$ 均指摩尔反应热，$\sum v_B(g)$ 为气体物质化学计算数的代码和；$\Delta \xi$ 为反应进度增量，Q_p 或 Q_v 则为反应物质的量为 $\Delta \xi$ 时的反应热，Δn 为该反应前后气体物质的物质的量变化，T 为反应的绝对温度。

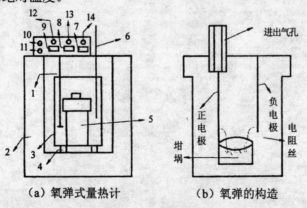

（a）氧弹式量热计　　　　（b）氧弹的构造

图 2-1　氧弹式量热计

1—搅动棒；2—外筒；3—内筒；4—垫脚；5—氧弹；6—传感器；7—点火按键；8—电源开关；9—搅拌开关；10—点火输出负极；11—点火输出正极；12—搅拌指示灯；13—电源指示灯；14—点火指示灯

测量热效应的仪器称作量热计，本实验用氧弹式量热计测量燃烧热，如图 2-1 所示为氧弹式量热斗示意图。

测量其原理是能量守恒定律，样品完全燃烧放出的能量使量热计本身及其周围介质（本实验用水）温度升高，测量了介质燃烧前后温度的变化，就可以求算该样品的恒容燃烧热。其关系如：

$$Q_v = -C_v \Delta T \tag{2-2}$$

上式中负号是指系统放出热量，放热时系统的内能降低，而 C_v 和 ΔT 均为正值。

系统除样品燃烧放出热量引起系统温度升高以外，其他因素（如燃烧丝的燃烧，氧弹内 N_2 和 O_2 化合并溶于水中形成硝酸等）都会引起系统温度的变化，因此在计算水当量及发热量时，这些引起因素都必须进行校正，其校正值如下：

（1）燃烧丝的校正：Cu-Ni 合金丝：$-3.138J \cdot cm^{-1}$

（2）酸形成的校正：（本实验此因素忽略）。

校正后的关系式为：

$$Q_V \cdot W - 3.138L = -K\Delta T \tag{2-3}$$

Q_V：样品恒容燃烧热（$J \cdot g^{-1}$）。

W：样品的重量（g）。

L：燃烧丝的长度（cm）。

K：量热计的水当量。

量热计的水当量 K 一般用纯净苯甲酸的燃烧来标定，苯甲酸的恒容燃烧热 $Q_v = -26460J \cdot g^{-1}$。

为了保证样品燃烧，氧弹中必须充足高压氧气，因此要求氧弹密封，耐高压、耐腐蚀，同时，粉末样品必须压成片状，以免充气时冲散样品使燃烧不完而引起实验误差，完全燃烧是实验成功的第一步，第二步还必须使燃烧的热量不散失，不与周围环境发生热交换，全部传递给量热计放在一个恒温的套壳中，故称环境恒温或外壳恒温量热计。量热计需高度抛光，也是为了减少辐射。量热计和套壳中间有一层挡屏，以减少空气的对流，虽然如此，热漏还是无法避免，因此燃烧前后温度变化的测量值必须经雷诺作图法校正。其校正方法如下：

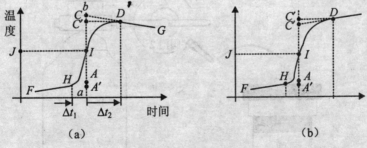

图 2-2　雷诺作图

称适量待测物质，使燃烧后水温升高 1.5℃～2.0℃，预先调节水温低于环境温度 0.5℃～1.0℃，然后将燃烧前后历次观察对时间作图，连成 FHID 折线，如图 2-2（a）所示。图中 H 相当于开始燃烧之点，D 为观察到最高的温度读数点，在环境温度读数点作一水平线 JI 交折线 I，过 I 点作线 JI 的垂线 ab，然后将 FH 线和 GD 线外延交 ab 于 A、C 两点。A 点与 C 点所表示的温度差即为欲求温度的升高 ΔT。有时量热计的绝热情况良好。热漏小，而搅拌

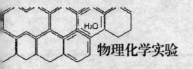
器功率大，不断稍做引进能量使得燃烧后的最高点不出现（如图2-2（b）所示）。这种情况下 ΔT 仍然可以按照同法校正。

仪器与试剂：GR3500型氧弹式热量计（带控制箱）、氧气钢瓶（带减压阀）、压片机、SWC-II_D精密数字温度差仪、Cu-Ni合金丝、温度计（0～100℃）万用电表、托盘天平、钢尺、容量瓶（2L、1L）、萘、苯甲酸。

实验步骤

测定萘的燃烧焓。

1. 样品压片及燃烧丝的准备

用台秤称约0.6g萘（另取约15cm引火丝在天平上称量后，将引火丝打一圆圈放入压片机内，使压片后引火丝穿过药片），将压片机的垫筒放置在可调底座上，装上模子，并从上面倒入已称好的萘样品，把压棒放入模子中，压下手柄至适当位置，即可松开。取出模子和垫筒，把垫筒倒置在底座上，放上模子，放入压棒上，压下手柄至样品掉出。将样品在分析天平上准确称重，置于燃烧坩埚中待用。另取一份样品在燃烧坩埚中待用。

2. 充氧气

将燃烧丝的两端绑牢于氧弹中的两根电极上，并使其中弹簧部分与样品接触，燃烧丝不能与坩埚壁相碰，旋紧氧弹计盖，用万用表检查电极是否通路，则旋紧出气阀就可以充氧气（如图2-3所示）。将氧气导管和氧弹的进气管接通，先打开阀门1（逆时针旋开）再渐渐打开阀门2（顺时针旋紧），使表2指针指在表压20kg/cm² 处。1分钟后关闭阀门2，再关闭阀门1。松开导气管，此时氧弹中已有约2MPa左右的氧气，可作燃烧之用。但阀门2到阀门1之间尚有余气，因此要打开减压阀门2以放掉余气，再关闭阀门2，使钢瓶和表头恢复原状。

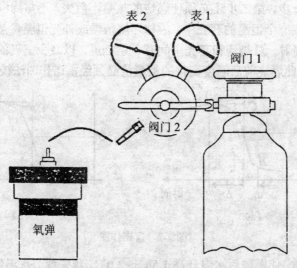

图2-3 充氧装置

3. 燃烧和测量温度

将充好氧气的氧弹用万用表检查是否通路，若通路则将氧弹放入盛水桶内。用容量瓶准确量取已被调节到低于外筒温度0.5℃～1.0℃的自来水3 000ml，倒入盛入桶内，并接上控制器上的点火电极，装好搅拌马达，盖上盖子，将温度温差仪的探头插入水桶中，将温度挡打向温差。将控制器上各线路接好，开动搅拌马达，待温度稳定上升，每隔一分钟读取温度一次。读 10 个点后，按下点火开关，如果指示灯亮，应立即加载电流引发燃烧；如果指示灯不亮，或加大电流后指示灯也不熄灭，而且温度也不见迅速上升，则需打开氧弹检查原因；如果指示灯亮后熄灭，温度迅速上升，则表示氧弹内样品已燃烧。自按下点火开关后，每隔15s 读一次温度。待温度升至每分钟上升小于 0.002℃，每隔一分钟读一次温度，再读 10 个点。

关掉控制开关，取出测量控头，打开外筒盖，取出氧弹，缓缓打开氧弹的放气阀门，将气体慢慢放出，放出氧弹头，检查氧弹坩埚内如有黑色残渣或未燃尽的样品微粒，说明燃烧不完全，此实验作废。如未发现这些情况，取下未燃烧完的燃烧丝测其长度，计算实际燃烧丝的长度，将筒内水倒掉，即测好了一个样品。测定卡计的水当量 K。

数据记录及处理

1. 数据记录

燃烧丝长度：_____ 残丝长度：_____ 苯甲酸重：_____

外筒水温：_____ 温差挡读数：_____ 基温选择：_____

	前期温度每分钟读数	燃烧期温度 15s 读数	后期温度每分钟读数
1			
2			
3			
4			
5			
6			
7			
8			
9			
10			

萘记录格式同上。

2. 数据处理

（1）用图解法求出苯甲酸燃烧引起量热计温度变化的差值 ΔT_1，并根据式（2-3）计算水当量 K 值。

（2）用图解法求出萘燃烧引起量热计温度变化的差值 ΔT_2，并根据式（2-3）计算萘的恒容燃烧热 Q_v。

（3）根据公式（2-2），用 Q_v 计算萘的摩尔燃烧焓 $\Delta_c H_m$。

思考题

1. 指出 $Q_p = Q_v + \Delta nRT$ 公式中各项的物理意义。

2. 用萘的燃烧焓数据来计算萘的标准摩尔生成焓。

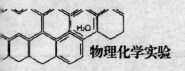

3. 样品压片时，压得太紧或太松会产生怎样的结果？

4. 燃烧后，坩埚中残留的坚硬小珠是否与未燃烧丝一起称重？

实验二　液体饱和蒸气压的测定

目的

1. 用等压计测定不同温度时液体的饱和蒸气压，绘制蒸气压与温度的关系曲线，并计算液体的摩尔蒸发热。

2. 熟悉等压计测定饱和蒸气压的原理。

原理

一定温度下，纯液体与其蒸气呈平稳时蒸气所具有的压力就是该温度下液体的饱和蒸气压，温度升高，则液体的饱和蒸气压也增高，饱和蒸气压与温度的关系可用克劳修斯-克拉贝龙方程式表示：

$$\frac{d\ln p}{dT} = \frac{\Delta_{evp}H_m^\theta}{RT^2}$$

其中：$\Delta_{evp}H_m^\theta$ 为温度 T 时液体的摩尔蒸发热（J/mol）；

R 为气体常数（8.314J·K^{-1}·mol^{-1}）。

若在一定温度范围内把 $\Delta_{evp}H_m^\theta$ 当做常数将上式作一定积分得：

$$\ln p = \frac{-\Delta_{evp}H_m^\theta}{RT} + C \qquad \text{或} \qquad \lg p = \frac{A}{T} + C$$

式中：

$$A = -\frac{\Delta_{evp}H_m^\theta}{2.303R}$$

C 为积分常数。

由实验测得一系列温度及饱和蒸气压数据。作 $\lg p \sim 1/T$ 图，可得一直线，其斜率为 A，由此可求算 $\Delta_{evp}H_m^\theta$。

仪器与试剂

等压计、恒温水浴、温度计（50℃～100℃）、乙醇、缓冲储气罐、DP—A 精密数字压力计、DP—AF 饱和蒸气压组合实验装置、水银温度调节器、LYJ—3 型恒温控制器（电子继电器）、JJ—1 型定时电动搅拌器。

实验步骤

1. 装置如图 2-4 所示。

2. 等压计中盛乙醇的步骤如下：等压计洗净并烘干后，在电炉上将其管 1 微烘烤，逐出其中的部分空气，迅速将等压计管口插入盛乙醇的烧杯中，乙醇即被吸入，反复操作两三次，管 1 中盛有 2/3 的乙醇为宜（教师已装好）。

3. 将进气阀打开，平衡阀 1、平衡阀 2 关闭，打开真空泵，减压一两分钟后，将进气阀关闭，然后关闭真空泵。

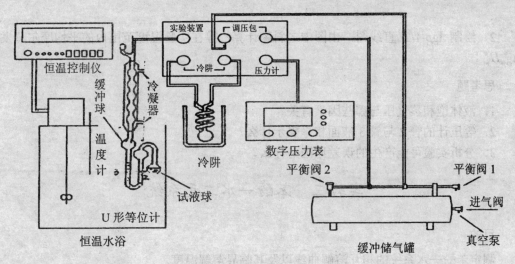

图 2-4　饱和蒸气压组合实验装置图

4. 将橡皮管接上不锈钢稳三包，接法如装置，将 DP—A 精密数字压力计单位按至 "mmHg" 灯亮。

5. 将平衡阀 2 打开少许，使体系减压 500mmHg 左右（1mmHg = 133.322Pa），立即关闭平衡阀 2。

6. 当温度升至 50℃ 左右时，等压计内的液体慢慢沸腾，当气泡自等压计的 3 管中大量逸出时，使温度基本稳定，缓缓打开平衡阀 1，使空气慢慢漏入（注意：打开平衡阀 1 一定要慢，以免空气漏入过猛）直至等压计中 3 和 2 两臂的液面等高，立即关闭阀门 1。此时即表示管内的乙醇的饱和蒸气压与管 3 上方的压力相等，立即读出温度与压差，并迅速升温。

7. 升温 3℃～4℃，待有大量气泡逸出，达到恒温时缓缓打开平衡阀 1，使空气漏入直至等压计中 3 和 2 两臂的液面等高，关闭阀门 1，立即读出温度与压差并迅速加温。

8. 重复上述步骤，直至精密数字压力计显示数字为 0。

9. 拔去压力装置 1、压力装置 2 的橡皮管，关闭 DP—A 精密数字压力计，将温度升至 78℃，然后关闭恒温控制器，待水浴均下降至等压计中 3 和 2 液面相平时读出温度。

数据处理

1. 室内气压：Pa

温度 T（K）	压差（Pa）	蒸气压（Pa）	$\dfrac{1}{T_K}$	lg$p$

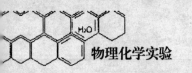
2．绘制 lg$p$-1/T 直线图，由图中之斜率计算乙醇在实验温度范围内的平均摩尔蒸发热 $\Delta_{evp}H_m^\phi$。

思考题

1．液体饱和蒸气压与哪些因素有关？

2．等压计的管 2 与管 3 液面相平表示什么？

3．分析实验可能产生的误差原因是什么？

实验三 苯酚—水二元系统

目的

测定苯酚—水系统的相互溶解曲线以及其临界溶解温度。

原理

部分相溶液体的相互溶解度是随温度而改变的，常见的一种情况是：温度升高，相互溶解度增加，继续增高温度，最后可以达到完全互溶，两种液体以任何比例完全互溶的最低温度称为上临界溶解温度。

以苯酚与水的系统为例，苯酚在水中的溶解度（ac 线）随着温度升高而增大；水在苯酚中的溶解度（bc 线）也是这样，所以在达到一个相当高的温度时，两溶解度曲线交于一点 c。此时两液体开始完全互溶，相当于 c 点的温度即为苯酚—水的上临界溶解温度。如图 2-5 所示。

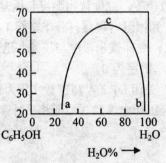

图 2-5 苯酚与水组成图

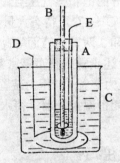

图 2-6 实验装置图

A—空气夹导管；B—精密温度计；C—水浴；
D—水浴搅拌器；E—搅拌器

仪器与试剂

苯酚、纯水、10ml 移液管、台秤、电炉及如图 2-6 所示的全套设备。

实验步骤

（1）用台秤称取 5g 苯酚（注意：苯酚有强腐蚀性）放入夹套试管中并加入 4ml 蒸馏水（用移液管滴加），盖好塞子连同整套设备放入水浴中，夹套试管中的液面必须低于水浴的水面。

（2）加热试管内液体温度达 60℃时，不停地搅拌试管中的溶液，当浑浊的溶液突然变为清澈时，记下温度 t_1；接着把整套设备提出水浴外，继续搅拌、冷却，当混合液由澄清突然变为浑浊时，记下温度 t_2，t_1 与 t_2 应该很接近，如相差超过 0.2℃必须重新测定。

（3）在夹套试管中加入 1ml 水，重复以上操作，以后每次都只加 1ml 水进行测定，至测到的温度达到最高而又下降了为止，再加入 2ml 水测一次，加 4ml 水测一次。

结果处理

记录表格

实验次数		1	2	3	4	5	6	7	8	9	10
加入水的总毫升											
温度	t_1										
	t_2										
	平均值 $= \dfrac{t_1+t_2}{2}$										
水的百分含量											

（1）算出各次混合物中水的重量百分组成。

（2）以水的重量百分组成为横坐标，溶解温度为纵坐标，作出苯酚-水的相互溶解曲线，找出曲线最高点——上临界溶解温度。注明临界点的百分组成。

思考题

1．试用相律对部分互溶双液系作静态分析和动态分析并结合实验加以说明。

实验四　二元液系相图

目的

1．实验测定正丙醇-乙醇体系的沸点-组成图（t-x 图）

2．用 WAY—1/2S 数字阿贝折射仪测量液体和蒸气的组成，了解折光率的测量原理和方法

实验原理

二元液系的 t-x 图可以分为三类：（1）理想的双液系，其溶液沸点介于两纯物质沸点之间（如图 2-7（a）所示）；（2）各组分对拉乌尔定律发生负偏差，其溶液有最高沸点（如图 2-7（c）所示）；（3）各组分对拉乌尔定律发生正偏差，其溶液有最低沸点（如图 2-7（b）所示）。第（2）、（3）两类溶液在最高或最低沸点时的气液两相组成相同。加热蒸发的结果只使气相总量增加，气液相组成及溶液沸点保持不变，这时的温度叫恒沸点，相应的组成叫恒沸组成。理论上，第（1）类混合物可用一般精馏法分离出两种纯物质，第（2）、（3）两类混合物只能分离出一种纯物质和另一种恒沸混合物。

为了测定二元液系的 t-x 图，需在气液相达平衡后，同时测定气相组成、液相组成和溶

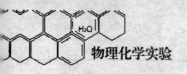

液沸点。例如在图 2-7 (a) 中与沸点 t_1 对应的气相组成是气相线上 V_1 点对应的 x_B^v，液相组成是液相线上 l_1 点对应的 x_B^l。实验测定整个浓度范围内不同组成溶液的气液相平衡组成和沸点后，就可给出 t-x 图。

本实验采用简单蒸馏瓶，用电热套加热。蒸馏瓶上的冷凝器使平衡蒸气凝聚在小玻璃槽中，然后从中取样分析气相组成。分析所用仪器是折射仪。先用它测定已知组成混合物的折光率，作出折光率对组成的工作曲线。用此曲线即可从测得样品的折光率查出相应的组成。

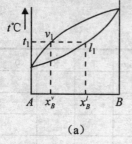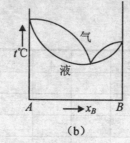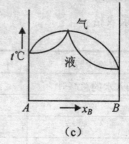

图 2-7　二元体系 t-x 图

仪器与试剂

蒸馏瓶 1 个 (如图 2-8 所示)；50℃～110℃温度计 1 支，WAY—1/2S 数字阿贝折射仪 1 台；长、短取样管各 1 支；10ml 量筒 1 个；5ml 刻度移液管 2 支。正丙醇；乙醇；80%，60%，40%，20%正丙醇-乙醇标准混合物；各种组成的正丙醇-乙醇混合试验溶液。

实验步骤

1. 用 WAY—1/2S 数字阿贝折射仪测定纯正丙醇、乙醇及标准混合物的折光率 (折射仪使用方法见附录九)。

2. 在干的蒸馏瓶中放入 20ml 纯正丙醇，盖好瓶塞，温度计水银球与液面接触。

3. 冷凝器中通入冷水，接通电热套，至沸腾温度保持恒定，记下沸点温度后停止加热，从磨塞小口加 0.5ml 乙醇于蒸馏瓶中，重新加热至沸。将长取样管自冷凝管上端插入冷凝液收集小槽中，缓缓捏压橡皮头以搅拌回流混合物，搅完后取出取样管，使其在不断通气的条件下烤干，放置冷却后，准备取气相冷凝液样。待温度读数恒定，气液平衡到达后，记下沸点温度，停止加热，由小槽中取出气相冷凝液分析样，迅速用阿贝折射仪测其折光率。同时用另一短取液管从磨口塞取出少量液相混合物测其折光率。然后按记录一所规定的数量从磨口塞加入乙醇，重复上述操作。注意：将磨口塞在取样及加入溶液后立即盖好，防止蒸发损失。测定折光率时亦应迅速，以防液体挥发。测定折光率后，将棱镜打开晾干，以备下次测定用，否则需用擦镜纸擦干。

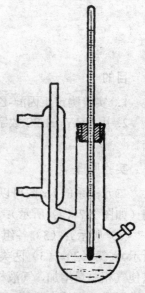

图 2-8　蒸馏瓶

4. 第一组添加乙醇的六次测量工作完毕后，将蒸馏瓶内溶液从磨口倒出，趁热用打气球鼓入空气将其吹干，重新加入 20ml 乙醇，测其沸点。然后按记录规定加入正丙醇，用同法进行实验。记录一所列加料方式是考虑了作图所需点子的合理分布及适当减少加料次数后拟定的。

5. 为了使试剂能重复使用,可配制一系列一定组成的正丙醇-乙醇混合物试验溶液。用量筒取记录二所列的 2 号混合物 25ml 放入蒸馏瓶中,测得沸点及气、液相组成后,将混合物从磨口倒回原试剂瓶中(也可用移液管吸出混合液)。不必弄干蒸馏瓶(试思考为什么不必弄干蒸馏瓶),继续取 3 号混合液进行实验。做完 9 号混合液即可停止。

记录

室温: _____   气压: _____

正丙醇-乙醇标准溶液折光率测定:

正丙醇的分子百分率	0%	20%	40%	60%	80%	100%
折 光 率						

记录一:

混合液之体积组成		沸点 (℃)	气相冷凝液分析		液相分析	
每次加正丙醇 (ml)	每次加乙醇 (ml)		折光率	正丙醇分子 (%)	折光率	正丙醇分子 (%)
20	—					
—	0.5					
—	1					
—	2					
—	5					
—	5					
—	10					
—	20					
1	—					
2	—					

记录二：

混合液 编 号	混合液近似组成，正丙醇分子%	沸点（℃）	气相冷凝液分析		液相分析	
			折光率	正丙醇分子（%）	折光率	正丙醇分子（%）
1	100					
2	97					
3	92					
4	80					
5	60					
6	50					
7	30					
8	15					
9	3					
10	0					

数据处理

1. 作出正丙醇-乙醇标准溶液折光率与组成的关系曲线。
2. 用关系曲线确定各气液相组成，填于记录一、记录二表中。
3. 作正丙醇-乙醇溶液的沸点-组成图。

思考题

1. 作出正丙醇-乙醇标准溶液折光率与组成的关系曲线的目的是什么？
2. 每次加入正丙醇、乙醇是否精确计量？
3. 收集气相冷凝液的小槽的大小对实验结果有无影响？

实验五　二组分合金相图

目的

1. 用热分析法测绘锡-铋二元合金相图。

原理

金属的熔点-组成图可根据不同组成的合金的冷却曲线求得。将一种合金或金属熔融后，使之逐渐冷却，每隔一定时间记录一次温度，表示温度与时间的关系曲线称为冷却曲线或步冷曲线。当熔融体系在均匀冷却过程中无相的变化，其温度将连续均匀下降，得到一条平滑的冷却曲线；如在冷却过程中发生相变，则因放出相变热，使热损失有所抵偿，冷却曲线就会出现转折或水平线段，转折点所对应的温度，即为该组合金的相变温度。对于简单的低共熔二元体系，具有如图 2-9 所示的三种形状的冷却曲线。由这些冷却曲线即可绘出合金相图。

　　用热分析法测绘相图时，被测体系必须时时处于或接近相平衡状态，因此体系的冷却速度必须足够慢才能得到较好的结果。

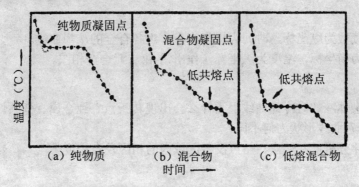

图 2-9　典型冷却曲线（虚线表示过冷效应）

仪器与试剂

JXL—II 微电脑控制金属相图实验炉 1 台；锡-铋合金样品 1 套。

实验步骤

1. 按如图 2-10 所示连接好炉体电源线（地线钩片拧在接地线上）、控制器电源、铂电阻（注：引线中两根蓝色线合并在一起接同接线柱上）、控制器插头（5 蕊）、拨码开头设置为 "000"。

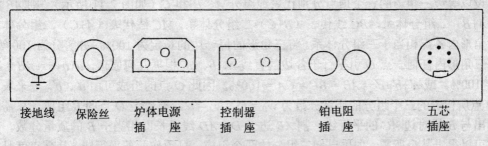

图 2-10　JXL—II 微电脑控制金属相图实验炉

2. 装好样品，加入石墨粉，并在玻璃管中插入不锈钢套管，放入炉体内。

3. 将炉底暗开关拨到 "OFF" 位置。

4. 校对室温：铂电阻放在炉体外，接通电源 2min 后，观察数码管温度是否符合室温，如与室温不符，参照说明书 "维修" 栏调之。

5. 将铂电阻插入不锈钢套管中。按照上述升温方法来设置拨码开关值大小。

6. 按下复位键，加热灯亮，开始升温，转动炉体上黑色电位器旋钮，使电压调到最大值。当显示温度超过设置温度时，加热灯灭，电压指示为零，为防止可控硅漏电使炉子继续加热，把黑色旋钮反时针旋到底（最低位置）。

7. 当温度达到最高温度时，迅速拔出橡皮塞，用玻璃棒搅拌玻璃管里的样品，但动作

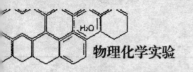
要轻，防止把玻璃管弄破，然后重新塞上橡皮塞。也可以提起玻璃管左右倾斜摇晃几次。

8．待温度降低到需要记录的温度值时，按四次定时键，数码管显示"60s"，即 60s 报时一次，操作人员可开始记录温度值。

9．当温度降到"平台"以下，停止记录。如铋-锡合金"平台"为 130℃，平台出现 4～5 次就可以停止记录。

数据处理

1．以温度读数为纵坐标，时间为横坐标，作出各合金的冷却曲线。

2．以组成为横坐标，温度为纵坐标，作出锡-铋二元合金相图。

思考题

1．金属熔融体冷却时冷却曲线上为什么会出现转折点？纯金属、低共熔物及合金等的转折点各有几个？曲线形状为何不同？

2．试用相律分析低共熔点、熔点及各区域内的相区及自由度。

设计课题

教改前后测定结果的对比分析。

实验六　三组分液-液体系相图

目的

测绘苯-水-乙醇三组分体系的相图。

原理

设以等边三角形的三个顶点分别代表纯组分 A、B 和 C（如图 2-11 所示），则 AB 线代表（$A+B$）二组分体系，BC 线代表（$B+C$）二组分体系，AC 线代表（$A+C$）二组分体系，而三角形内各点相当于三组分体系。将三角形的每一边的长定为 100%，并等分为 100 等份。通过三角形内任何一点 O 引平行于各边的直线 a、b、c，根据几何原理，$a+b+c = AB = BC = CA = 100\%$，或 $a'+b'+c' = AB = BC = CA = 100\%$，因此 O 点的组成可由 a'、b'、c' 来表示。即 O 点所代表的三个组分的质量分数为 $w_B = b'$，$w_A = a'$。要确定 O 点的 B 组成，只需通过 O 作出与 B 的对边 AC 的平行线，割 AB 边于 D，AD 线段长即相当于 B 的质量分数。以此类推可以得出其余所需。如果已知三组分的两个组成，只须作两条平行线，其交点就是被测体系的组成点。

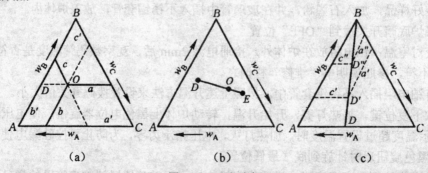

（a）　　　　　　　　　（b）　　　　　　　　　（c）

图 2-11　三角坐标

等边三角形图还有下列两个特点：

（1）通过任一顶点 B 向其对边引直线 BC（如图 2-11（c）所示），则 BD 线上的各点所代表的组成中，A、C 两个组分含量的比值保持不变。这可由三角形相似原理得到证明，即：

$$\frac{a'}{c'} = \frac{a''}{c''} = \frac{w_A}{w_C} = 常数$$

（2）如果有两个三组分体系 D 和 E（如图 2-11（b）所示），将其混合之后其成分必位于 D、E 两点之间的连线上，例如为 O。根据杠杆规则，$\dfrac{E之量}{D之量} = \dfrac{DO之长}{EO之长}$。

在苯-水-乙醇三组分系统中，苯和水是不互溶的，而乙醇和苯及乙醇和水都是互溶的，在苯-水体系中加入乙醇则可促使苯与水的互溶。由于乙醇在苯层及水层中非等量分配，因此代表两层浓度的 a、b 点的连线并不一定和底边平行（如图 2-12 所示）。设加入乙醇后体系总组成为 c，平衡共存的两相叫共轭溶液，其组成由通过 c 的连线上的 a、b 两点表示。图中曲线以下区域为两相共存，其余部分为一相。

现有一个苯-水的二组分体系，其组成为 K（如图 2-12 所示），于其中逐渐加入乙醇，则体系总组成沿 KB 变化（苯-水比例保持不变），在曲线以下区域内存在互不混溶的两共轭相，将溶液振荡时出现浑浊状态。继续滴加乙醇直到曲线上的 d 点，系统将由两相区进入单相区，液体将由浑浊转为清澈，继续加乙醇至 e 点，液体仍为清澈的单相。如在这一体系中滴加水，则系统总组成将沿 eC 变化（乙醇-苯比例保持不变），直到曲线上的 f 点，由单相区进入两相区，液体开始由清澈变为浑浊。继续滴加水至 g 点仍为两相。如在此体系中再加入乙醇至 h 点，则由两相区进入单相区，液体由浑变清。如此反复进行，可获得 $d, f, h, j, \cdots$ 等位于曲线上的点，将它们连接即得单相区与两相区分界的曲线。

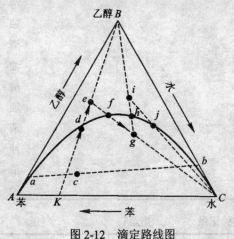

图 2-12　滴定路线图

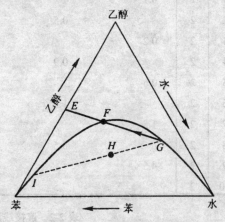

图 2-13　连接线的测定

设将组成为 E 的苯-乙醇混合液（如图 2-13 所示），滴加到由体系组成为 H 的共轭相分离得来的组成为 G、质量为 m_G 的水层溶液中，则体系总组成点将沿直线 GE 向 E 移动，当移至 F 点时，液体由浊变清（由两相变为单相），根据杠杆规则，加入苯-乙醇混合物质量 m_E 与水层 G 的质量 m_G 之比按下式确定：$\dfrac{m_E}{m_G} = \dfrac{FG}{EF}$，已知 E 点及 $\dfrac{FG}{EF}$ 之后，可通过 E 作曲

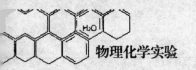

线的割线，使线段符合 $\dfrac{FG}{EF}=\dfrac{m_E}{m_G}$，从而可以确定出 G 点的位置。由 G 通过原体系总组成点 H，即得连接线 GI。G 及 I 代表总组成为 H 的体系的两个共轭溶液，G 是它的水层。

仪器与试剂

50ml 酸式滴定管 2 支；2ml 移液管 2 支；1ml 刻度移液管 2 支；250ml 锥形瓶 1 个；50ml 分液漏斗 1 个；50ml 锥形瓶 1 个。纯苯；无水乙醇；蒸馏水。

实验步骤

1. 用移液管取苯 2ml 放入干的 250ml 锥形瓶中，另用刻度移液管加水 0.1ml，然后用滴定管滴加乙醇，至溶液恰由浊变清时，记下所加乙醇的毫升数。于此液中按表 2-1 再加过量乙醇 0.5ml，用水滴定至溶液刚由清返浊，记下所用水的毫升数。再按表 2-1 中所列数字继续加入过量水 0.2ml，然后又用乙醇滴定，如此反复进行实验。滴定时必须充分振荡。

2. 在干的分液漏斗中加入苯 3ml，水 3ml 及乙醇 2ml，充分摇动后静置分层。放出下层（即水层）1ml 于已称量的 50ml 干锥形瓶中，称其质量得 m_G，然后逐滴加入质量分数 50% 的苯-乙醇混合物，不断摇动，至由浊变清，再称其质量，扣除 m_G 后得 m_E（表 2-2 所示）。

表 2-1　滴定法测三元液-液相图滴定记录　　　室温：　　　气压：

序号	苯	体积/ml				质量/g			质量分数 w/%			终点记录
		水		乙醇		苯	水	乙醇	苯	水	乙醇	
		每次加	合计	每次加	合计							
1	2	0.1										清
2	2			0.5								浊
3	2	0.2										清
4	2			0.9								浊
5	2	0.6										清
6	2			1.5								浊
7	2	1.5										清
8	2			3.5								浊
9	2	4.5										清
10	2			7.5								浊

表 2-2　连接线测定实验记录　　　室温：　　　气压：

物　质	苯	水	乙醇	锥形瓶质量 =
体积/ml	3	3	2	水层担 m_G =
质量/g				质量分数 50%苯-乙醇混合物质量 m_E =
质量分数 w/%				$m_E : m_G$ =

改变苯、水及乙醇的加入量，以改变系统总组成，重复实验可以获得多条连接线。

3．也可按教学讨论中所推荐的方法绘制饱和曲线和连接线。

数据处理

1．将终点时溶液中各成分的体积根据其密度换成质量，求出各终点质量分数，填入表2-1中，所得结果绘于三角坐标纸上。将各点连成平滑曲线，并用虚线将曲线外延到三角形两个顶点（因水与苯在室温下可以看成是完全不互溶的）。

2．在三角坐标上找出50%苯-乙醇混合物组成点 E，过 E 作曲线的割线 EG，割曲线于 F，使 $\dfrac{FG}{EF}=\dfrac{m_E}{m_G}$。求得 G 点后，与系统原始总组成点 H 连接，延长并与曲线交于 I 点，IG 即为所求连接线。

思考题

1．当体系总组成点在曲线内与曲线外时，相数有什么变化？

2．如图连 2-14 所示中接线交于曲线上的两点分别代表什么？

3．用相律说明：当温度、压力为恒定时，单相区的自由度是多少？

4．用水或乙醇滴定至清浊变化以后，为什么还要加入过量的水或乙醇？其量的多少对结果有什么影响？

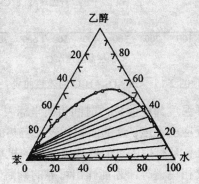

图 2-14　三元相图连接线的测定

设计课题

1．测绘环己烷-乙醇-水体系的相图

2．试设计一个将苯-乙醇混合物，先用水萃取，然后用精馏法分离提纯的方案，并实践这一方案用来回收实验用过的废液。

实验七　差热分析和热重分析

目的

用差热分析法测定 KNO_3 和 $BaCl_2 \cdot 2H_2O$ 在加热过程中温度的变化。

原理

当物质发生化学变化或物理变化时，经常伴随吸热或放热现象。把试样和热性质相近而且热稳定的参比物同置于等速升温的电炉中，当试样无变化时，则试样与参比物的温度基本

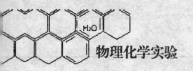

相同，二者的温差接近为零，在以温差对试样温度所作的曲线上显示出平直线段；当试样发生吸热或放热过程时，由于传热速度的限制，试样就会低于（吸热时）或高于（放热时）参比物的温度，这时曲线上就出现峰（表示放热）或谷（表示吸热）。直到过程完毕，温差逐渐消失，复现平直线段。

如图 2-15 所示是 $CaC_2O_4 \cdot H_2O$ 的差热曲线。已经确定，第一个吸热峰是脱水。第二个放热峰是草酸钙分解为碳酸钙和生成的一氧化碳的氧化。由于氧化放热较多，抵消分解吸热有余，故出现放热峰，如果在惰性气氛中进行反应，则只出现分解反应的吸热峰。第三个吸热峰是碳酸钙的分解。

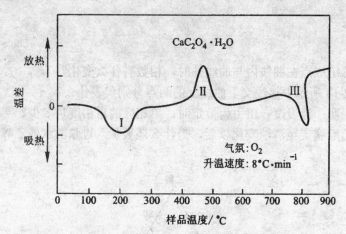

图 2-15　$CaC_2O_4 \cdot H_2O$ 的差热曲线

差热图也可用温差和试样温度为纵坐标，时间为横坐标表示。

差热峰的位置代表发生反应的温度；峰的面积代表反应热的大小；峰的形状则与反应的动力学有关。虽然所得上述信息是有用的，但要弄清变化的机理，还必须配合其他手段，如热天平，X 射线物相分析及气相色谱等，才能作出可靠的判断。

仪器与试剂

铝电炉；镍铬-镍硅温差电偶；程序升温仪或调压器；化学纯 KNO_3；化学纯 $BaCl_2 \cdot 2H_2O$；煅烧过的 Al_2O_3。CRY—2（P）型炉子（CDR—4P 型炉）；调压器；数字电压表。

实验步骤

仪器正确安装后可投入使用，下面介绍开机前准备工作及各单元面板装置和操作方法。

1. 准备工作

（1）对 CRY—2（P）型的炉子来说，放松炉体上压紧螺钉，转出炉体盖，用钩子取出上保温盖，然后用镊子取出氧化铝炉盖，可以看见一对差接的点状热电偶（样品支架）。我们使用的坩埚，外形上看有凹底和平底两种，凹底坩埚可直接插于样品支架上使用，容纳样品量较多。使用平底坩埚，需先将一对铂坩埚架置于样品支架，放好坩埚后将炉子复原。CDR—1、CDR—4P、CDR-1（P）型的炉子转动手柄将电炉的炉体升到顶部，然后将炉体向前方转出（如图 2-16 所示），插好样品杆将炉体轻轻地向下摇到底。

（2）开启水源，并使水流畅通。

（3）打开各单元电源，预热 20min。

① 计算机电源需后开先关，即在其他部件电源打开后再打开计算机系统的电源，在计算机电源关闭后再关闭其他单元电源，以免电源冲击损坏计算机。打印机电源可在需要时打开。

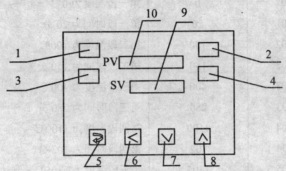

1—输出指示；2—报警指示；3—自整定；4—程序控温运行指示；5—设置键（回车键）；

6—数据移位键（程序温度设置）；7—数据减少键（暂停/运行）；8—数据增加键（停止 stop）

9—给定值显示；10—测量值显示

图 2-16　单元面板装置

② 不可在驱动器处于工作状态时取放软磁盘。

2. 微机温控单元

（1）面板装置及功能（老师学演示讲解）

（2）程序编排与操作

仪表的程序编排统一采用：温度—时间—温度—时间—格式

其定义为：从当前段设置温度，经过该段设置的时间到达下一温度。温度设置值的单位都是摄氏度，而时间设置值的单位都是分钟。

例如：有一工艺曲线如图 2-17 所示。按"<"键，仪表就进入程序输入设置状态。先显示第一段的温度值，其后依次按键，就依次为显示第一段及其后各段的时间值及温度值，可按"∧、∨"键修改数据。按"<"键可移动光标，可分别移至个位、十位、百位、千位，能起到快速修改的目的。

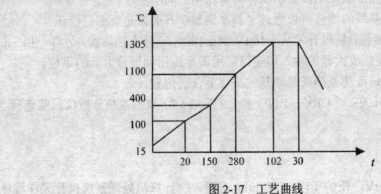

图 2-17　工艺曲线

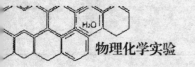

以上工艺曲线操作步骤如表 2-3 所示：

表 2-3　工艺曲线测定记录

按键	上显示器	下显示器	说明
<	C01	0	第一段温度为 0℃
↓	T01	20	第一段时间为 20 分
↓	C02	100	第二段温度为 100℃
↓	T02	150	第二段时间为 150 分
↓	C03	400	第三段温度为 400℃
↓	T03	280	第三段时间为 280 分
↓	C04	1100	第四段温度为 1100℃
↓	T04	102	第四段时间为 102 分
↓	C05	1305	第五段温度为 1305℃，到达保温温度
↓	C05	30	第五段时间为 30 分，即保温时间
↓	C06	1305	第六段时间为 30 分，保温结束
↓	T06	−120	结束，关闭输出

温控单元操作如下：

先编排程序，方法如表 2-3 所示，在每次升温前必须先按 "∧" 停止 Stop 键，使 SV 显示 "Stop" 时松键，然后按 "∨" 运行/暂停键 SV 显示 "run" 时松键。观察电压表，若已有较高电压时，应立刻按 "∨" 运行/暂停键 SV，显示 "Hold" 时松键，仪表进入放电等待；当电压降至约零伏时，再按 "∨" 运行/暂停键，SV 显示 "run" 时松键，此时进入程度升温，可将电炉电压开关打开，炉压开关绿色为炉压开，红色为炉压关。

"Loc" 必须为 "0"，否则只能运行前一个程序，用户不能现场修改升温程序。

按设置键所显示的参数不得随意改变，否则影响温控单元的正常工作。设置键通常作为回车键。

3．差热放大单元

（1）面板装置及作用

a．差热指示表：差热指示表用以显示试样与参比物之间的温度。

b．斜率调整：差热基线的漂移可以通过 "斜率调整" 开关来进行部分校正。

c．量程选择和调零旋钮：量程开关从 ±10μV 到 ±1000μV 分七挡转换，另有一挡 "⊥"，当开关置于 "⊥" 时，差热放大器的输入端短路，用调零旋钮调整放大器的零位。

d．移位：旋动该旋钮可使差热或差动基线平移至合适位置。

e．差动—差热转换开关：对 CRY—1（P）和 CRY—2（P）型的差热分析仪只能选择 "差热" 挡，不可改变。

（2）操作

a．差热基线调整

差热量程置于 ±100μV，使炉子以 10℃/min 升温，（*计算机处理系统执行采样程序，参见该部分操作说明），观察 DTA 曲线，由于样品杆上未放样品和参比物，理论上讲基线应始终是一条直线。在升温过程中若基线偏离原来位置，可以通过以下两种方法配合使用调整基线：一是在起始升温时基线出现较大偏移，可调节炉子三个中心调节螺钉，使样品支架与炉体相对位置发生变化，将基线拉回原处；二是待炉温升到高温段（CDR—1、CDR—4P 型约 500℃，CRY—1（P）型约 800℃，CRY—2（P）约 1000℃），通过旋动"斜率调整"开关来调整，当基线校正接近原来位置时，差热基线调整完毕。以后除非更换或拆卸样品支架和加热炉，否则不必再调整。

　　b. 样品测试步骤

　　样品称好后放入坩埚，另一坩埚放入重量相等的参比物α-Al_2O_3，样品置于支架左侧，参比物置于右侧，如图 2-18 所示。

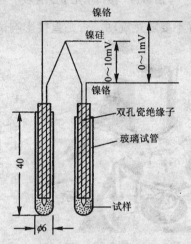

图 2-18　温差电偶及试样管（单位：mm）

　　选择适当的差热量程。如果是未知样品，可先用较大量程预做一次。

　　根据测试要求，编制温控程序使炉温按预定要求变化。

　　*启动计算机处理软件，实时采集（参见该部分说明）。

　　*温度复校

　　如图 2-19 所示为接口单元 T-DTA 板，旋动电位器 W_4 可调节室温，旋动电位器 W_3 可调整试样的温度。注意：调节室温时，炉子必须彻底冷却，对 CDR—4P 型的仪器要把差热放大单元的"差动-差热"开关拨在差热位置上，计算机实时采样，根据屏幕显示的温度，若不是室温，可旋动电位器 W_4 调节至室温。用标准样品作温度测试，若偏离标准值可调整该板上的 W_3 电位器，反复测试，直至达到要求（同样，在作标准样品温度校正时，对 CDR—4P 型的仪器也应把差热放大单元的"差动-差热"开关拨在差热位置上）。

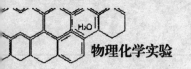
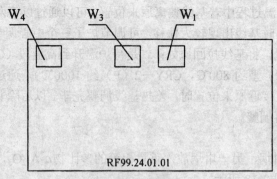

图 2-19　接口单元 T-DTA 板

调整后，电位器 W_4、W_3 不要随意旋动，否则直接影响试样的测试温度。

样品　参比物

1. 调节螺钉
2. 橡胶密封圈
3. 样品座
4. 园桩柱头螺钉
5. 参比物坩埚
6. 样品坩埚

图 2-20　电炉

注意事项：

*关机，电压表降到 2.0 左右，再关电炉，100℃以下升温速率不能超过 20℃/min，一般为 10℃/min；不做差动时，开关调到差热并关闭差动单元；斜率调到整 6，量程±100μV；在不用机器时，每 10 天保护设置；炉堂污染严重时，运行此程序，掀开所有盖子（炉丝护盖除外）；若电压过高放不掉，此时 C01 应设–20℃，升温越慢越好，按 V 键，运行 run 程序，电压开始骤升的瞬间，按 V 键进入 hold，应该可以放掉电压，如不行联系厂家；非正常关机：（1）–120℃切断；（2）断电，第二次开机时看到不是 0.0↔stop 时，按∧关到 stop。

数据处理

1. 由所得差热图确定各试样的峰顶温度。

2. 查阅手册或文献，推断 KNO_3 变化的性质。

3. 以失去的质量（mg）为纵坐标，温度为横坐标作图。从图上确定各样品开始发生变化的温度和变化的性质。并从样品失去质量的化学计量关系确定产物是什么。

思考题

1. 差热分析的基本原理是什么？

2. 如果把测温电偶放在参比物中，峰顶温度是否与原来一样？

3. 为什么加热过程中即使试样未发生变化，差热曲线仍会出现基线漂移？

4．为什么要控制升温速度？升温过快、过慢各有什么后果？

5．对参比物有什么要求？试样中加稀释剂的作用是什么？

6．热天平和差热分析各有什么特点？各有什么局限性？

教学讨论

1．近代商品差热分析仪的热电偶都不放在试样中，而是接触样杯底部，因此热电偶受到较好的保护。确定转变温度则采用外推法。如图 2-21 所示的 D 点即外推始点。国际热分析协会推荐了一批标准物的相变温度用于校验差热分析仪的温度。

2．应该弄清楚，当热电偶冷端不在 0℃ 而在室温，测温仪表采用数字电压表或毫伏表时确定温度的方法。

3．鉴于差热分析的再现性较差，国际热分析协会制订了热分析报告实用规范，规定了测定报告中必须具备 12 项资料，以便他人能再现其结果。

4．在差热分析（DTA）的基础上发展起来的扫描量热仪（DSC）能在 100K～1000K 范围内，在测定转变温度的同时测定转变过程的热效应。这种量热仪还可用于测定物质的热容。它的特点是操作简便，所耗试样少，适用温度范围广。

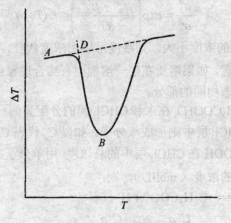

图 2-21　外推始点温度

设计课题

1．用本实验仪器作 $CuSO_4 \cdot 5H_2O$ 的差热分析和热重分析，确定各转变温度及热效应性质，将所得结果与文献值比较。

2．用差热分析法测定 NH_4NO_3 在 NH_4Cl 或 $NaCl$ 存在下的热分解。

实验八　分配系数的测定

目的

测定苯甲酸在苯和水之间的分配系数。

原理

"在定温定压下，如果一种物质溶解在两个同时存在的互不相溶的液体里，达到平衡后，该物质在两相中浓度之比等于常数"，称为分配定律（distribution law）。

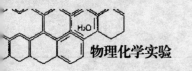
$$\frac{C_B^a}{C_B^\beta} = K \tag{2-4}$$

式中 C_B^a、C_B^β 分别为溶质 B 在溶液 α、β 的浓度。K 称为分配系数（distribution coefficient）。影响 K 的因素有温度、压力、溶质及两种溶剂的性质。当溶液浓度不大时该式能很好地与实验结果相符。

这个经验定律也可以从热力学得到证明。令 μ_B^α、μ_B^β 分别代表 α、β 两相中溶质 B 的化学势，定温定压下，当平衡时，有

$$\mu_B^\alpha = \mu_B^\beta$$

因为

$$\mu_B^\alpha = \mu_B^{*\alpha} + RT \ln a_B^\alpha$$

$$\mu_B^\beta = \mu_B^{*\beta} + RT \ln a_B^\beta$$

所以

$$\mu_B^{*\alpha} + RT \ln a_B^\alpha = \mu_B^{*\beta} + RT \ln a_B^\beta$$

$$\frac{a_B^\alpha}{a_B^\beta} = \exp\left(\frac{\mu_B^{*\beta} - \mu_B^{*\alpha}}{RT}\right) = K(T, p) \tag{2-5}$$

如果 B 在 α 及 β 相中的浓度不大，则活度可以用浓度代替，就得到式（2-4）。

应用分配定律时应注意，如果溶质在任一溶剂中有缔合现象或离解现象，则分配定律仅能适用于在溶剂中分子形态相同的部分。

例如：以苯甲酸（C_6H_5COOH）在水和 $CHCl_3$ 间的分配为例：C_6H_5COOH 在水中部分电离，电离度为 α，而在 $CHCl_3$ 层中则形成双分子。如以 C_w 代表 C_6H_5COOH 在水中的总浓度（$mol \cdot L$），C_c 代表 C_6H_5COOH 在 $CHCl_3$ 层中的总浓度（用单分子的 $mol \cdot L$ 表示），m 为 $CHCl_3$ 层中苯甲酸呈单分子状态的浓度（$mol \cdot L$），则：

水层中：$C_6H_5COOH \Longrightarrow C_6H_5COO^- + H^+$

$\qquad C_w(1-a) \qquad\quad C_w a \qquad\quad C_w a$

在 $CHCl_3$ 层中：

$$(C_6H_5COOH)_2 \Longrightarrow 2C_6H_5COOH$$

$\qquad C_c - m \qquad\qquad\quad m$

$$K_1 = \frac{m^2}{C_c - m}$$

在两层中的分配：

C_6H_5COOH（$CHCl_3$层中）$\Longrightarrow C_6H_5COOH$（在水层中）

$\qquad m \qquad\qquad\qquad C_w(1-a)$

若在 $CHCl_3$ 中缔合度很大，即单分子的浓度很小，$C_c \gg m, C_c - m \approx C_c$，则

$$K_1 = \frac{m^2}{C_c} \text{ 或 } m = \sqrt{K_1 C_c}$$

若在水层中电离度很小，$1 - \alpha \approx 1$，则

$$K = \frac{C_w}{m} = \frac{C_w}{\sqrt{K_1 C_c}}$$

或

$$K' = \frac{C_w}{C_C^{1/2}}$$

如以 $\lg C_c$ 对 $\lg c_w$ 作图，其斜率等于2。

仪器设备

150ml 分液漏斗 3 个，250ml 锥形瓶 6 个，50ml 量筒 2 个，10ml 移液管 2 个。

CH_6Cl_6，C_6H_5COOH，标准 NaOH（1mol·L）溶液。

实验步骤

在三个分液漏斗中各加入 50ml 苯（用量筒量取）和 50ml 水，再依次加入 0.5，1.0，1.5 克苯甲酸（用台秤称量），时时摇动，约半小时后，依次由水层及苯层取出溶液 10ml，用 NaOH 标准溶液滴定。在苯层中因酚酞不起作用，故应在滴定之前加蒸馏水 50ml 并时时摇动，使苯层中的苯甲酸转移到水中再进行滴定。

数据处理

1. 用实验数据计算 C_1、C_2、K'。

2. 计算证实苯甲酸在苯中为双分子。

思考题

1. 测定分配系数时为什么要求恒温？

2. 如何加速平衡的到达？

实验九　弱酸电离常数的测定

目的

用 pH 滴定法测定醋酸溶液的浓度，并测定各种混合比的醋酸和醋酸钠的缓冲溶液的 pH 值，由此计算醋酸电离常数的近似值。

原理

酸酸（以 HAc 表示）水溶液存在下列电离平衡：

$$HAc = H^+ + Ac^-$$

平衡常，数

$$K_a = \frac{a_{H^+} \cdot a_{Ac^-}}{a_{HAc}} = a_{H^+} \frac{[Ac^-] \gamma_{Ac^-}}{[HAc] \gamma_{HAc}} \tag{2-6}$$

取对数

$$\lg K_a = \lg a_{H^+} + \lg \frac{[Ac^-]}{[HAc]} + \lg \frac{\gamma_{Ac^-}}{\gamma_{HAc}}$$

$$\lg K_a = -pH + \lg \frac{[Ac^-]}{[HAc]} + \lg \frac{\gamma_{Ac^-}}{\gamma_{HAc}} \tag{2-7}$$

当溶液的离子强度不大时，可把未离解的 HAc 的活度系数看成 1，而 γ_{Ac^-} 则等于该浓度下 NaAc 的平均活度系数，并可用戴维斯经验公式计算：

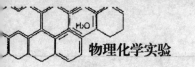

$$\lg \gamma_{\pm} = -0.50 \, | \, Z_1 \cdot Z_2 \, | \, (\frac{\sqrt{I}}{1-\sqrt{I}} - 0.3I) \quad\quad (2\text{-}8)$$

式中：Z_1、Z_2——正负离子的价数；I——离子强度，对 1-1 型电解质，I 近似地等于摩尔浓度。

由式（2-7）可知，如果测得醋酸和醋酸钠混合液的 pH，并算出它们在溶液中的浓度及活度系数，就可计算出醋酸电离常数的近似值。

溶液的 pH 可用精密 pH 计测得。为了改变溶液中 HAc 和 Ac^- 的浓度，可在一定的 HAc 溶液中滴加 NaOH 溶液，这时一部分 HAc 被中和，变成完全电离的 NaAc，从滴入 NaOH 溶液的量中算出溶液中剩余的 HAc 和生成的 Ac^- 的浓度的近似值（当溶液 pH 在 4～10 之间，所用酸、碱的浓度达 0.1mol/L，则计算 HAc 和 Ac^- 浓度时可忽略溶液中的 H^+ 和 OH^-）。

仪器与试剂

PHS—2 型精密酸度计 1 部；50ml 碱式滴定管 1 支；100ml 烧杯 1 个；25ml 移液管 1 支；电磁搅拌器 1 部。标准缓冲溶液；0.1mol·L 醋酸溶液；0.1 mol·L NaOH 标准溶液。

实验步骤

1. 了解 pH 计的原理，熟悉其操作。

2. 用移液管取 25ml0.1mol/L HAc 溶液于 100ml 烧杯中，装好电磁搅拌器、玻璃电极和甘汞电极，在碱式滴定管中装入 0.1mol/L NaOH 标准溶液。

3. 先进行试滴。在 20ml 前每滴 5ml 即读一次 pH；20ml～30ml 之间每滴 1ml 读一次 pH，以确定等当点的大致范围。

4. 重新取 25ml HAc 溶液进行精滴。注意：应在醋酸被中和一半（加碱约 12.5ml）及其前后（加碱 10ml 和 15ml）应有 pH 的准确读数，以作计算醋酸电离常数之用。在接近等当点时，每隔 0.1～0.2ml 读一次 pH 值，等当点后每次可多加碱液。

记录

室温：_____　　气压：_____

NaOH 标准溶液浓度：_____ 被滴醋酸体积：_____

滴入 NaOH 溶液（ml）	
pH	
$\dfrac{\Delta pH}{\Delta V}$	

数据处理

1. 以 pH 为纵坐标，以滴加溶液毫升数为横坐标作滴定曲线。

2. 以 pH 为纵坐标，以 $\dfrac{\Delta pH}{\Delta V}$ 为横坐标作微分滴定曲线，确定醋酸浓度。

3. 用醋酸被中和一半附近的三种溶液的 pH 及其相应的醋酸和盐的浓度，计算醋酸的电离常数。

思考题

1．混合溶液 pH 的测量准确度对所测电离常数的准确度影响如何？

2．为什么要用醋酸被中和一半附近的溶液的测得值计算醋酸的电离常数？

3．如何准确计算溶液中 HAc 和 Ac$^-$的平衡浓度？

实验十　原电池电动势的测定

目的

1．测定 Cu-Zn 电池的电动势和 Cu、Zn 电极的电极电势。

2．学会一些电极的制备和处理方法。

3．掌握电位差计的测量原理和正确使用方法。

原理

电池由正、负两极组成。电池在放电过程中，正极起还原反应，负极起氧化反应，电池内部还可能发生其他反应。电池反应是电池中所有反应的总和。

电池除可用来作电源外，还可用它来研究构成此电池的化学反应的热力学性质。从化学热力学知道，在恒温、恒压、可逆条件下，电池反应有以下关系：

$$\Delta G = -nFE \tag{2-9}$$

式中，ΔG 是电池反应的吉布斯自由能增量；n 为电极反应中得失电子的数目；F 为法拉第常数（其数值为 96500C·mol^{-1}）；E 为电池的电动势。所以，测出该电池的电动势 E 后便可求得 ΔG，进而又可求出其他热力学函数。必须注意，首先要求电池反应本身是可逆的，即要求电池电极反应是可逆的，并且不存在任何不可逆的液接界。同时要求电池必须在可逆情况下工作，即放电和充电过程都必须在准平衡状态下进行，此时只允许有无限小的电流通过电池。因此，在用电化学方法研究化学反应的热力学所设计的电池应尽量避免出现液接界，在精确度要求不高的测量中出现液接界电势时，常用"盐桥"来消除或减小。

在进行电池电动势测量时，为了使电池反应在接近热力学可逆条件下进行，采用电位差计测量。原电池电动势主要是两个电极的电势的代数和，如能测定出两个电极的电势，就可以计算得到由它们组成的电池的电动势。下面以铜-锌电池为例进行分析。

电池表示式为：　$Zm\left|ZmSO_4\left(aZ_n^{2+}\right)\right|\left|CuSO_4\left(ac_u^{2+}\right)\right|Cu$

当电池放电时，负极起氧化反应：　$Zn \rightarrow Zn^{2+}(a_{Zn^{2+}}) + 2e^-$

正极起还原反应：　　　　　　$Cu^{2+}(a_{Cu^{2+}}) + 2e^- \rightarrow Cu$

电池总反应为：　　　　　　$Zn + Cu^{2+}(a_{Cu^{2+}}) \rightarrow Zn^{2+}(a_{Zn^{2+}}) + Cu$

电池反应的吉布斯自由能变化值为：

$$\Delta G = \Delta G^{\theta} + RT\ln\frac{a_{Zn^{2+}} \cdot a_{Cu^{2+}}}{a_{Cu^{2+}} \cdot a_{Zn}} \tag{2-10}$$

上式中 ΔG^{θ} 为标准态时自由能的变化值；a 为物质的活度，纯固体物质的活度等于 1，则有

$$a_{Zn} = a_{Cu} = 1 \tag{2-11}$$

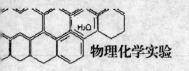

在标准态时，$a_{Zn^{2+}} = a_{Cn^{2+}} = 1$，则有：

$$\Delta G = \Delta G^{\phi} = -nFE^{\phi} \tag{2-12}$$

式中 E^{ϕ} 为电池的标准电动势。由式（2-9）至式（2-12）可解得：

$$E = E^{\phi} - \frac{RT}{nF} \ln \frac{a_{Zn^{2+}}}{a_{Cu^{2+}}} \tag{2-13}$$

对于任一电池，其电动势等于两电势之差值，其计算式为：

$$E = \varphi_+（右，还原电势）- \varphi_-（左，还原电势）\tag{2-14}$$

对铜-锌电池而言，有

$$\varphi_+ = \varphi_{Cu^{2+}/Cu}^{\phi} - \frac{RT}{2F} \ln \frac{1}{a_{Cu^{2+}}} \tag{2-15}$$

$$\varphi_+ = \varphi_{Zn^{2+}/Zn}^{\phi} - \frac{RT}{2F} \ln \frac{1}{a_{Zn^{2+}}} \tag{2-16}$$

式中，$\varphi_{Cu^{2+}/Cu}^{\phi}$ 和 $\varphi_{Zn^{2+}/Zn}^{\phi}$ 是当 $a_{Cu^{2+}} = a_{Zn^{2+}} = 1$ 时铜电极和锌电极的标准电极电势。对于单个离子，其活度是无法测定的，但强电解质的活度的物质的平均质量摩尔浓度和平均活度系数之间有以下关系：

$$a_{Zn^{2+}} = \gamma_{\pm} m_{\pm} \tag{2-17}$$

$$a_{Cu^{2+}} = \gamma_{\pm} m_{\pm} \tag{2-18}$$

$\gamma_{\pm}$ 是离子的平均离子活度系数。其数值大小与物质浓度、离子种类、实验温度等因素有关。

在电化学中，电极电势的绝对值至今无法测定，在实际测量中是以某一电极的电极电势作为零标准，然后将其他的电极（被研究电极）与它组成电池，测量其间的电动势，则该电动势即为该被测电极的电极电势。被测电极的电池中的正、负极性，可由它与氢标准电极两者的还原有势比较确定。通常将氢电极在氢气压力为 101325Pa，溶液中氢离子活度为 1 时的电极电势规定为零伏，称为标准氢电极，然后与其他被测电极进行比较。

由于使用标准氢电极时的条件要求十分严格，所以在实际测定时往往采用第二级的标准电极，甘汞电极是其中最常用的一种。这些电极与标准氢电极比较而得到的电势已精确测出。

以上所讨论的电池是在电池总反应中发生了化学变化，因而被称为化学电池。还有一类电池叫做浓差电池，这种电池中的净作用过程仅仅是一种物质从高浓度（或高压力）状态向低浓度（或低压力）状态转移，这种电池的标准电动势 E^{ϕ} 等于零伏。

例如电池 $Cu|CuSO_4（0.01mol \cdot L）||CuSO_4（0.1mol \cdot L）|Cu$ 就是浓差电池的一种。

电池电动势的测量工作必须在电池可逆条件下进行，人们根据对消法原理（在外电路上加一个方向相反的而电动势几乎相等的电池）设计了一种电位差计，以满足测量工作的要求。电位差计的使用方法，参阅仪器使用指南。必须指出，电极电势的大小，不仅与电极种类、溶液浓度有关，而且与温度有关。本实验是在实验温度下测得的电极电势 φ_T，由式（2-15）和式（2-16）可计算 φ_T^{ϕ}。

仪器及试剂

UJ33D－1 型电位差计（如图 2-22 所示）

饱和甘汞电极　　　　　　　　饱和硝酸亚汞（控制使用）

盐桥　　　　　　　　　　　　硫酸锌（分析纯）

铜、锌、甘汞电极　　　　　　硫酸铜（分析纯）

氯化钾（分析纯）

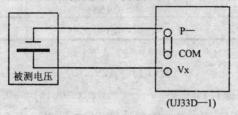

(UJ33D—1)

图 2-22　UJ33D—1 型电位差计

实验步骤

1. 电极制备

（1）锌电极

用细砂纸擦去锌电极上的氧化层，用稀硫酸洗去，再用蒸馏水淋洗，插入装有硫酸锌溶液的小烧杯中即可。

（2）铜电极

用细砂纸擦去铜电极上的氧化层，用水淋洗，再用蒸馏水洗净，插入装有配好的硫酸铜溶液的小烧杯中即可。

2. 电池组合

将上面制备的锌电极和铜电极分别置于盛有其盐溶液小烧杯内，再将饱和 KCl 盐桥接入，即成 Cu-Zn 电池。

$Zn|ZnSO_4$（0.1000mol·L）$||CuSO_4$（0.1000mol·L）$|Cu$

同法组成下列电池：

$Cu|CuSO_4$（0.0100mol·L）$||CuSO_4$（0.1000mol·L）$|Cu$

$Zn|ZnSO_4$（0.1000mol·L）$||KCl$（饱和）$|Hg_2Cl_2|Hg$

$Hg|Hg_2Cl_2|KCl$（饱和）$||CuSO_4$（0.1000mol·L）$|Cu$

3. 电动势测定

（1）按照仪器使用指南及装置图，接好电动势测量线路。

（2）分别测定以上四个电池的电动势。

数据处理

1. 根据饱和甘汞电极的电极电势温度校正公式，计算实验温度时饱和甘汞电极的电极电势：

$$\varphi_{饱和甘汞} = 0.2415 - 7.61 \times 10^{-4}(T-298) \qquad (2-19)$$

2. 根据测定的各电池的电动势及表 2-3 所示，分别计算铜、锌电极的 φ_T、φ_T^ϕ、φ_{298}^ϕ。

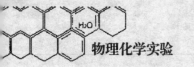

表 2-3　298.15K 时离子平均活度系数 $\gamma_\pm$

浓度 电解质	0.100mol·L	0.010mol·L
$CuSO_4$	0.160	0.400
$ZnSO_4$	0.150	0.387

$$\gamma_\pm(T) \approx \gamma_\pm(298.15)$$

$$\varphi_T^\theta(298.15) = 0.337V \qquad \varphi_T^\theta(298.15) = -0.763V$$

3. 根据有关公式计算 Cu-Zn 电池的理论使 $E_{理}$ 并与实验值 $E_{实}$ 进行比较。

思考题

1. 补偿法测电动势的基本原理是什么？为什么用伏特表不能准确测定电池的电动势？
2. 盐桥有什么样的作用？应选择什么样的电解质作盐桥？

实验十一　氟离子选择电极

目的

作氟电极的校正曲线，并测定自来水中的氟含量。

原理

氟电极是近年来发展起来的有效的离子选择电极之一。由氟化镧晶体作成的离子交换膜，对氟离子具有特高的选择性。在离子交换膜中的离了传导，通常是由电荷较低、离子半径较小的离子实现的，只有它才能进入晶格缺陷的"空穴"。大小和电荷不同的其他离子都不能按此方式移动，参与传导。因此如果有大小和电荷相同的离子，例如 F^- 和 OH^-，则可由于竞争传导而引起干扰。

在使用氟电极时，通常是把它同饱和甘汞电极一起插入待测含氟离子的溶液中，形成下列电池：

$$饱和甘汞电极 \left| a_{F^-}^{(外)} \right\| LaF_3 \left| a_{F^-}^{(内)} \right| AgCl + Ag \text{ 电极}$$

当内外参考电极电位及 $a_{F^-}^{(内)}$ 为常数时，上列电池电动势可简化为：

$$E = 常数 - \frac{2.303RT}{F} \lg a_{F^-}^{(外)}$$

由上式可知，被测溶液氟离子活度的对数与电池电动势呈直线关系。如果要测定氟离子浓度，则需要知道活度系数。而活度系数又与溶液的离子强度有关。为了使用上的方便，通常都在保持溶液离子强度不变的条件下，作出电池电动势与氟离子浓度的校正曲线（工作曲线），而在测定未知溶液时，也保持与校正条件相同的离子强度。这样才有可能利用校正曲线来进行测定工作。通常在 $1 \times 10^{-1} \sim 1 \times 10^{-6} mol·kg^{-1}$ 范围内，工作曲线是直线，也具有 Nernst 理论值的斜率（25℃时为 58～59mV）。

另外，如果溶液中含有能与氟离子产生络合反应的阳离子如 Al^{3+}，Fe^{3+} 等也会严重干扰测定。故需添加络合掩蔽剂来排除干扰。又如溶液的 pH 过高，则会增大前述的 OH⁻ 离子的干扰；pH 过低又会由于 HF 和 HF_2^- 的形成而开始降低氟离子的活度，因此需添加缓冲溶液保持溶液 pH=5~6。

为了满足上述要求，在制作工作曲线和测定未知试样时，于溶液中都加入相同量的总离子强度缓冲调节剂（TISAB），这种高离子强度的处理方法同时完成了三个方面的任务：

（1）使溶液的总离子强度固定不变，从而保持活度系数不变。

（2）由于醋酸-醋酸钠缓冲溶液能保持合适的 pH=5~5.5 范围，因此可避免 OH⁻ 的干扰。

（3）柠檬酸根与 Al^{3+}、Fe^{3+} 络合，使氟被释放为离子形态。离子选择电极 1 支；饱和甘汞电极 1 支；电磁搅拌器 1 台；10ml 刻度移液管 1 支；10ml、25ml 移液管各 1 支；50ml 容量瓶 10 个；100ml 小烧杯 10 个。分析纯氟化钠、氯化钠、醋酸、醋酸钠、柠檬酸钠。

实验步骤

1. 总离子强度缓冲调节剂（TISAB）的配制

称取氯化钠 15g、醋酸 3.6ml、醋酸钠 16g、柠檬酸钠 0.07g，溶于去离子水中，加热使其溶解，稀释至 250ml。

TISAB 溶液的离子强度和组成

组成	Z^2C
氯化钠（1mol·kg⁻³）	2
醋酸（0.25 mol·kg⁻³）	0
醋酸钠（0.75 mol·kg⁻³）	1.5
柠檬酸钠（0.001 mol·kg⁻³）	可忽略
$I = \frac{1}{2}\sum Z^2C = 1.75\text{mol·kg}^{-3}$	

2. 标准溶液的配制

（1）将分析纯的氟化钠于 120℃干燥 2h，冷却后准确称取 0.221g，用去离子水溶于 1000ml 容量瓶中，稀释至刻度，于聚乙烯塑料瓶中储存，得 1ml 含 100μg 的氟标准溶液。

（2）将上述溶液用蒸馏水稀释 10 倍，即得 1ml 含 10μg 的氟标准溶液。

（3）分别吸取每毫升含 10μg 的氟标准溶液：1、2、3、4、6、8、10、20 和 25ml 于 50ml 容量瓶中，加上 TISAB 溶液 10ml，用去离子水稀释至刻度，即得含氟分别为：0.20、0.40、0.60、0.80、1.20、1.60、2.00、4.00 和 5.00ml/L 的标准系列溶液。

将所配标准系列溶液由低浓度到高浓度逐个转入 100ml 小烧杯中，浸入氟电极和饱和甘汞电极，在电磁搅拌下，读取平衡电势值。

3. 水样测试

吸取含氟量低于 10ml/L 的水样 25ml（必要时稀释后再取）于 50ml 容量瓶中，再加 10ml TISAB 溶液，稀释至刻度，在电磁搅拌器下读取平衡电势值。

记录

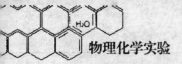
氟浓度（mg/L）									
电池电势（mV）									
Lg[F]（mg/L）									

数据处理

1. 以电池电势（mV）为纵坐标，氟浓度（mg/L）为横坐标在半对数坐标纸上作图；或以（mV）对 lg（mg/L）在直角坐标纸上作图，即得工作曲线。

2. 利用工作曲线算出水样中含氟量。

思考题

1. 氟离子选择电极的传导机理是什么？

2. 用氟离子选择电极测定氟离子浓度时要注意哪些问题？

实验十二　水溶液中形成金属氢氧化物的 pH 值实验

目的

用 pH 滴定法测定水溶液中形成氢氧化镍的 pH 值和氢氧化镍的溶度积。

原理

盐溶液的 pH 值取决于其水解平衡。加酸时降低其 pH 值，通常不至生成沉淀，但加碱升高 pH 值，则将产生溶解度低的氢氧化物或碱式盐沉淀。

关于形成氢氧化物的 pH 问题，在电化学工业中是非常重要的，在实际过程中（金属沉积，电解精制等），阴极附近液层明显地变成碱性，所用电流密度愈高，则到达形成氢氧化物的 pH 就愈快。

因此在金属电解精制时，溶液 pH 的改变会导致各种氢氧化物的掺杂沉积，从而需要进一步净化。这种情况在电镀时更不希望出现。因此在电解时，调整电流密度和溶液 pH 是十分重要的。另一方面，控制 pH 时，使溶液中一些金属离子以氢氧化物沉淀析出，另一些金属离子仍保留在溶液中，从而可以达到分离净化的目的。

现在来研究从水溶液中形成两价金属氢氧化物的问题。

二价金属的氢氧化物的溶度积用下式表示：

$$K_{SP} = a_{Me^{2+}} \cdot a_{OH^-}^2 \qquad (2-20)$$

而：

$$a_{OH^-} = \frac{K_W}{a_{H^+}}$$

故：

$$K_{sp} = a_{Me^{2+}} \cdot \frac{K_W^2}{a_{H^+}}$$

取对数：

$$\lg K_{SP} = \lg a_{Me^{2+}} + 2\lg \frac{K_W}{a_{H^+}} \tag{2-21}$$

因此：

$$pH = \frac{1}{2}\lg K_{SP} - \frac{1}{2}\lg a_{Me^{2+}} - \lg K_W$$

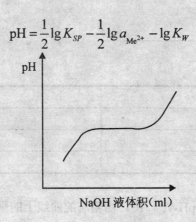

图 2-23　pH 滴定曲线

例如，用氢氧化钠滴定硫酸镍稀溶液时，在氢氧化镍沉积以前，碱只消耗于中和溶液中的 H^+；溶液的 pH 值增加很快；到氢氧化镍开始沉淀，溶液的 pH 几乎保持不变；直到金属离子接近沉淀完毕，则继续滴加的碱将导致 pH 又很快上升。以 pH 对滴定耗碱毫升数作图，将得到如图 2-23 所示的曲线。与滴定曲线的水平台阶相应的 pH 即为形成氢氧化镍的 pH。根据滴定曲线上第一次出现的转折点的金属离子活度和 pH，即可按式（2-21）算出氢氧化镍的溶度积。

仪器和试剂

PHS—2D 精密酸度计 1 台；电磁搅拌器 1 台；玻璃电极 1 支；甘汞电极 1 支；碱式滴定管（50ml）1 支；50ml 容量瓶 1 个；50ml、250ml 烧杯各 1 个。5ml 移液管 1 支。

0.5mol·LNiSO₄ 溶液；0.05mol·L、0.1mol·LNaOH 标准溶液；pH = 9.18 的标准缓冲溶液。

实验步骤

1. 先检查酸度计指针是否指在"±"处，接通电源预热 20min，按下 pH 开关，然后用 pH = 9.18 标准缓冲溶液进行校正。校正的方法是：将接好线路的玻璃电极、甘汞电极插入装好缓冲溶液的烧杯中，开动电磁搅拌器，分挡开关扳到"8"，测量开关扳向测量，调节定位旋钮，使酸度计的表面值为 1.18（分挡开关所指之值与表面值之和即为 pH 值）。调好后，不再动定位旋钮。

2. 取 5ml 0.5mol·LNiSO₄ 溶液稀释至 50ml，倒入 250ml 烧杯中，然后浸入玻璃电极和甘汞电极，在电磁搅拌下，从滴定管中滴入 0.1mol·LNaOH 标准溶液。每次滴入 1ml 然后测定溶液的 pH 值，（测量的方法是：将测量开关扳向测量，调节分挡开关使之能读出表面值，则酸度计所指的值即为被测溶液的 pH 值），直到溶液的 pH 不变，继续滴至 pH 再度上升为止，大致观察滴定范围。

3. 为了准确绘出滴定曲线，以便确定转折点位置，同上述方法，重新配置 50ml NiSO₄

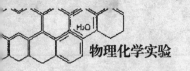

倒入烧杯中，用 0.05mol·LNaOH 溶液进行精滴，注意：这时在转折点附近每次滴加碱液的体积要小。

数据记录及处理

NaOH 标液的浓度：_____

室温：_____

加入 0.1mol·LNaOH 体积	
pH_1	
加入 0.05mol·LNaOH 体积	
pH_2	

1. 由上表数据分别作出 $pH\text{-}V_{NaOH}$ 图，由精滴的曲线上的平台部分找到形成 Ni（OH）$_2$ 的 pH 值。

2. 由精滴曲线上的第一个转折点找到开始形成 Ni（OH）$_2$ 时加入 NaOH 溶液的毫升数。

3. 计算开始形成 Ni（OH）$_2$ 时溶液中的 $NiSO_4$ 浓度。

4. 将"3"中算得的 $NiSO_4$ 浓度代入式（2-21），计算 Ni（OH）$_2$ 的溶度积 K_{SP}。

思考题

1. 如何计算开始形成 Ni（OH）$_2$ 时溶液中 $NiSO_4$ 的浓度？

2. 以 $NiSO_4$ 浓度 $C_{Ni^{2+}}$ 用式（2-21）计算 Ni（OH）$_2$ 的（K_{SP}）对结果有什么影响？

3. 在 pH 滴定曲线上为什么会出现水平线段？

实验十三　旋光法测定蔗糖转化反应的速率常数

目的

1. 测定蔗糖转化反应的速率常数和半衰期。

2. 了解该反应的反应物浓度与旋光度之间的关系。

3. 了解旋光仪的基本原理，掌握旋光仪正确使用方法。

原理

蔗糖在水中转化成葡萄糖和果糖，其反应为：

$$\underset{\text{(蔗糖)}}{C_{12}H_{22}O_{11}} + H_2O \xrightarrow{H^+} \underset{\text{(葡萄糖)}}{C_6H_{12}O_6} + \underset{\text{(果糖)}}{C_6H_{12}O_6}$$

它是一个二级反应，在纯水中此反应的速率很慢，通常需要在 H^+ 离子作用下进行。由于反应时水是大量存在的，尽管有部分水参加了反应，仍然可近似地认为整个反应过程中水的浓度是恒定的；而且 H^+ 是催化剂，其浓度也保持不变。因此蔗糖转化反应可以看成是一级反应。

一级反应的速率方程可由下式表示：

$$-\frac{\mathrm{d}c}{\mathrm{d}t} = kc \qquad\qquad (2\text{-}22)$$

c 为时间 t 时的反应物浓度，k 为反应速率常数。

积分可得：

$$1\mathrm{n}c = -kt + 1\mathrm{n}c_0 \qquad\qquad (2\text{-}23)$$

c_0 为反应开始时反应物浓度。

当 $c = \frac{1}{2}c_0$ 时，时间 t 可用 $t_{1/2}$ 表示，即为半衰期：

$$t_{1/2} = \frac{\ln 2}{k} = \frac{0.693}{k} \qquad\qquad (2\text{-}24)$$

从式（2-23）不难看出，在不同时间测定反应物的浓度，并以 $1\mathrm{n}c$ 对 t 作图，可得一直线，由直线斜率即可求得反应速率常数 k。然而反应是不断进行的，要快速分析出反应物的浓度是困难的。蔗糖及其转化产物具有旋光性，而且它们的旋光能力不同，故可以利用系统在反应进程中旋光度的变化来度量反应的进程。

测量物质旋光度所用的仪器称为旋光仪。溶液的旋光度与溶液中所含旋光物质的旋光能力、溶剂性质、样品管长度及温度等均有关系。当其他条件均固定时，旋光度 α 与反应物浓度 c 呈线性关系，即：

$$\alpha = \beta c \qquad\qquad (2\text{-}25)$$

式中比例常数 β 与物质旋光能力、样品管长度、温度等有关。

物质的旋光能力用比旋光度来度量，比旋光度用下式表示：

$$[\alpha]_D^{20} = \frac{\alpha \cdot 100}{l, c_A} \qquad\qquad (2\text{-}26)$$

式中，$[\alpha]_D^{20}$ 右上角的"20"表示实验时的温度为 20℃，D 是指用钠灯光源 D 线的波长（即589nm），α 为测得的旋光度[°]，l 为管长度（dm），c_A 为浓度（g/100ml）。

作为反应物的蔗糖是右旋性物质，其比旋光度 $[\alpha]_D^{20} = 66.63°$；生成物中葡萄萄也是右旋性物质，其比旋光度 $[\alpha]_D^{20} = 52.5°$，但果糖是左旋性物质，其比旋光度 $[\alpha]_D^{20} = -91.9°$。由于生成物中果糖的左旋性比葡萄糖右旋性大，所以生成物呈现出左旋性质。随着反应的进行，系统的右旋角不断减小，反应至某一瞬间，系统的旋光度可以恰好等于零，而后就变成左旋，直至蔗糖完全转化，这时左旋角达到最大值 α_∞。

设系统最初的旋光度为：

$$\alpha_0 = \beta_{反} C_0 \qquad (t=0，蔗糖尚未转化) \qquad (2\text{-}27)$$

系统最终的旋光度为：

$$\alpha_\infty = \beta_{生} C_0 \qquad (t=\infty，蔗糖已转化完全) \qquad (2\text{-}28)$$

式（2-27）和式（2-28）中的 $\beta_{反}$ 和 $\beta_{生}$ 分别为反应物与生成物的比例常数。

当时间为 t 时，蔗糖浓度为 C，此时旋光度为 α_t，即：

$$\alpha_t = \beta_{反} C + \beta_{生}(C_0 - C) \qquad\qquad (2\text{-}29)$$

由式（2-27）、式（2-28）和式（2-29）联立可解得：

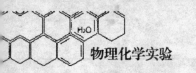

$$C_0 = \frac{\alpha_0 - \alpha_\infty}{\beta_反 - \beta_生} = \beta(\alpha_0 - \alpha_\infty) \tag{2-30}$$

$$C_0 = \frac{\alpha_0 - \alpha_\infty}{\beta_反 - \beta_生} = \beta(\alpha_t - \alpha_\infty) \tag{2-31}$$

将式（2-30）、式（2-31）代入式（2-23）即得：

$$\ln(\alpha_t - \alpha_\infty) = -kt + \ln(\alpha_0 - \alpha_\infty) \tag{2-32}$$

显然，以 $\ln(\alpha_t - \alpha_\infty)$ 对 t 作图可得一直线，从直线斜率即可求得反应速率常数 k。

仪器和试剂

旋光仪全套；容量瓶 50ml 2 个，100ml 1 个；25ml 移液管 2 支；100ml 锥形瓶 3 个；50ml 烧杯 1 个；台秤 1 套；玻棒 1 支。

3mol·LHC1；蔗糖。

实验步骤

1. 仪器使用

（1）将仪器电源插入 220V 交流电源，要求使用交流电稳压器（1kV·A）并将接地脚可靠接地。

（2）向上打开电源开关，这时钠光灯在交流工作状态下起辉，经 5min 钠光灯激活后，钠光灯才发光稳定。

（3）向上打开光源开关（若光源开关扳上，钠光灯熄灭，则将光源开关上下重复扳动 1～2 次，使钠光灯在直流下点亮，为正常）。

（4）打开测量开关，这时数码管应有数字显示。

（5）将装有蒸馏水或其他空白溶剂的试管放入样品室，盖上箱盖，待示数稳定后，按清零按钮。试管中若有气泡，应先让气泡浮在凸颈处；通光面两端的雾状水滴应用软布揩干。试管螺帽不宜旋得过紧，以免产生应力，影响读数。试管安放时应注意标记的位置和方向。

（6）取出试管。将待测样品注入试管，按相同的位置和方向放入样品室内，盖好箱盖，仪器数显窗将显示出该样品的旋光度。注意：试管应用被测定样洗湿数次。

（7）逐次撤下复测按钮，重复读几次数，取平均值作为样品的测定结果。

（8）如样品超过测量范围，仪器在 ±45° 处来回振荡。此时，取出试管，仪器即自动转回零位。此时可将试液稀释一倍再测。

（9）仪器使用完毕后，应按测量、光源、电源开关依次关闭。

（10）钠灯在直流供电系统出现故障不能使用时，仪器也可在钠灯交流供电（光源开关不向上开启）的情况下测试，但仪器的性能可能略有降低。

（11）当放入小角样品（小于 0.5°）时，示数可能变化，这时只要按复测按钮就会出现新的数字。

2. 溶液配制及测试

（1）用台秤称取蔗糖放入烧杯中，用少量蒸馏水溶解（注意：应避免水过量），待蔗糖全部溶解后（温度太低需加热），并冲洗至 100ml 容量瓶中，若溶解浑浊需要过滤。

（2）移取 25ml 蔗糖溶液于干净的锥形瓶中，再移取 25ml、3mol·LHC1 往蔗糖溶液中注入，当 HC1 溶液流出一半应立即记时（作为起始时间），全加入后将其混合均匀，迅速用反应液荡洗旋光管两次，然后将反应液注满旋光管，盖上玻璃片，注意勿使管内存有气泡，旋紧帽后放置在旋光仪中测定旋光系统α_t。此后每隔5分钟测一次α_t，测出两个负值为止。

（3）测定后，将管内溶液倒回原锥形瓶内，待24h后再测α_∞，也可将溶液放入333.15K的水溶槽中（不可高于338.15K），并保温30min取出，待冷后测α_∞。

数据记录及处理

实验温度：

	t（min）	
	α_t	
0.8mol·L 蔗糖+3mol·LHC1	α_∞	
	1g（$\alpha_t-\alpha_\infty$）	

1．以1g（$\alpha_t-\alpha_\infty$）对t作图，证明是否一级反应，并由直线斜率求出反应速度常数k。
2．由上述直线外推至$t=0$，求得1g（$\alpha_t-\alpha_\infty$），再代入式（2-32）中计算k值。
3．求出反应的半衰期。

思考题

1．如果实验所用蔗糖不纯，会对实验产生什么影响？
2．在混合蔗糖和HC1溶液时，把HC1加到蔗糖溶液中去，如果把蔗糖加到HC1溶液中去，对实验是否有影响？为什么？

实验十四　过氧化氢的催化分解

目的

制备H_2-O_2燃料电池的氧电极催化剂，并通过其对H_2O_2的催化分解考察其催化活性。

原理

在以KOH溶液为电解质的H_2-O_2燃料电池中进行的电化学反应是：

H_2电极	$2H_2+4OH^-=4H_2O+4e^-$	（2-33）
O_2电极	$O_2+2H_2O+4e^-=4OH^-$	（2-34）

室温下O_2在一般电极材料上还原很慢，必须选用有效的催化剂加速这一反应，才能使燃料电池和锌-空气电池具有实用价值。

铂黑或银黑有很高的催化活性，但价格太高。已经发现具备尖晶石结构的$Cu_xFe_{3-x}O_4$，$Co_xFe_{3-x}O_4$等对O_2的还原具有较高活性。而用沉淀法制备这类催化剂并不困难。

根据对O_2电极反应机理的研究得出，电催化反应最初进行2电子过程生成H_2O_2中间物（实际上在碱性溶液中H_2O_2主要以HO_2^-的形式存在：$H_2O_2+OH^-=HO_2^-+H_2O$），其反应为：

$$O_2+2H_2O+2e^-=H_2O_2+2OH^-\tag{2-35}$$

或　　　　　　　　　　　$O_2+H_2O+2e^-=HO_2^-+OH^-$

H_2O_2 继续分解：

$$H_2O_2 = 0.5 O_2 + H_2O \qquad (2\text{-}36)$$

或

$$HO_2^- = 0.5 O_2 + OH^-$$

再生的 $0.5 O_2$ 又循环发生式（2-35）的反应，因而式（2-35）的 O_2 只有一半是外界供给的，故对外供 1 摩尔 O_2 来说仍是 4 电子还原过程。生成的 H_2O_2（或 HO_2^-）中间物必须尽快分解以降低其浓度才会有足够的还原电势，因此它是电催化还原的控制步骤。

按照上述机理，可以根据催化剂在 KOH 溶液中分解 H_2O_2 的能力来考察其对 O_2 电催化还原的活性。

反应速率常数的大小直接反映了反应的快慢，因此用它来评价催化剂活性是比较合理的。

在碱性溶液中 H_2O_2 将按式（2-36）分解，已证实此反应属一级，其速率方程可以写成：

$$-\frac{dc_t}{dt} = kc_t$$

积分得：

$$\ln\frac{c_t}{c_0} = -kt \qquad (2\text{-}37)$$

式中：c_t——t 时刻 H_2O_2 的浓度；c_0——H_2O_2 初始浓度；k——反应速率常数。

令 V_∞ 表示 H_2O_2 全部分解放出氧气的体积；V_t 表示 H_2O_2 经过时间 t 后分解放出氧气的体积；p 表示一定体积溶液中 H_2O_2 浓度与可放出氧气体积的比例常数，则因

$$V_\infty = pc_0 ; \quad V_\infty - V = pc_t$$

将其代入式（2-37）式，即得

$$\ln\frac{V_\infty - V_t}{V_\infty} = -kt \qquad (2\text{-}38)$$

或

$$\ln(V_\infty - V_t) = -kt + \ln V_\infty$$

以 $\ln(V_\infty - V_t)$ 对 t 作图，从所得直线斜率求得 k。

仪器与试剂

仪器装置如图 2-24 所示；1% H_2O_2 溶液；$1 mol \cdot L^{-1}$ KOH 溶液；$0.02 mol \cdot L^{-1}$ $KMnO_4$ 标准溶液；$3 mol \cdot L^{-1} H_2SO_4$ 溶液；化学纯 $CuCl_2 \cdot 6H_2O$；化学纯 $FeCl_3 \cdot 6H_2O$；$5 mol \cdot L^{-1}$ NaOH 溶液；MnO_2、CuO 粉；电子秒表。

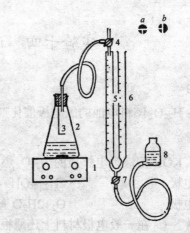

图 2-24　过氧化氢分解实验装置

1—电磁搅拌器；2—250ml 锥形瓶；3—催化剂托盘；
4—三通旋塞；5，6—50ml 量气管；
7—旋塞；8—水位瓶

实验步骤

1. 催化剂制备

现以制备 $Cu_{1.5}Fe_{1.5}O_4$ 为例进行说明。其主要过程是先用 NaOH 溶液沉淀出

Cu（Ⅱ）和 Fe（Ⅲ）的混合氢氧化物，再将所得沉淀在空气中加热，进行氧化-还原和脱水，生成尖晶石结构。

$$1.5CuCl_2+1.5FeCl_3+7.5NaOH \rightarrow Cu_{1.5}Fe_{1.5}（OH）_{7.5}+7.5NaCl$$

$$0.5O_2+4Cu_{1.5}Fe_{1.5}（OH）_{7.5} \rightarrow 4Cu_{1.5}Fe_{1.5}O_4+15H_2O$$

称取 2.42g（0.01mol）$CuCl_2 \cdot 6H_2O$ 于 50ml 烧杯中，加 20ml 水溶解。称取 2.70g（0.01mol）$FeCl_3 \cdot 6H_2O$ 于另一 50ml 烧杯中，加 20ml 水溶解，然后将其洗入 250ml 烧杯内，在搅拌下将氯化铜溶液缓缓加入氯化铁溶液中，连同洗水共约 50～60ml。在剧烈搅拌下缓缓滴加 5mol·L^{-1}NaOH 溶液，直到棕色沉淀生成，这时 pH 约 12.5。在蒸汽浴上保温 30min，然后在室温下静置沉降，用蒸馏水淈洗沉淀，直到洗水接近中性为止。将沉淀抽滤，在 85℃～100℃干燥过夜，然后研磨成细粉。

2．H_2O_2 催化分解速率的测定

（1）在反应器中加入 1mol·L^{-1}KOH 溶液 50ml 和 1%H_2O_2 溶液 10ml。在托盘 3 上装好 50mg 催化剂。塞好瓶塞，检查是否漏气，开动电磁搅拌器。

（2）开旋塞 7，旋塞 4 置 b 位置。调节水位瓶使量气管 5 液面恰在零刻度，关旋塞 7，旋塞 4 置 a 位置，水位瓶 8 置桌上。摇动反应瓶使托盘上的催化剂全部洗下，立即按一下电子秒表具累加计时功能的按钮，开始记时，开旋塞 7，使管 6 液面下降 8～10ml，立即关旋塞 7。当量气管 5 的液面与管 6 液面齐平时，立即读取量气管 5 读数，同时按一下电子秒表按钮使计数停止（但计时并不停止），记下时间后再按一下按钮继续累加计时。开一下旋塞 7，使管 6 液面再下降 8～10ml，再关旋塞 7，重复操作，直到量气管液面降至约 50ml 为止。

（3）测定 H_2O_2 初浓度以确定 V_∞。

在酸性溶液中 H_2O_2 与 $KMnO_4$ 按下式反应：

$$5H_2O_2+2KMnO_4+3H_2SO_4 = 2MnSO_4+K_2SO_4+8H_2O+5O_2$$

用 $KMnO_4$ 标准溶液滴定加有足够 H_2SO_4 的 H_2O_2 溶液的浓度，即可算出 10ml 的 1%H_2O_2 溶液全部分解后，在当天室温和大气压下应放出 O_2 的体积 V_∞。

（4）改用 50mgMnO_2、CuO 粉或其他催化剂重复实验。

数据处理

1．列出催化剂制备及动力学实验记录表格。

2．计算过氧化氢初始浓度及 V_∞。

3．以 $\ln（V_\infty - V_t）$ 为纵坐标，t 为横坐标作图。从所得直线的斜率求速率常数 k。

4．在所用催化剂质量相同的条件下，根据其速率常数的大小，比较各催化剂的活性。

思考题

1．本实验的反应速率常数与催化剂用量有无关系？

2．如何检查漏气？

3．你对本实验所用测定放出气体体积的方法有什么意见？

4．还有什么其他方法求 V_∞？

5．本实验是否可以不必测 V_∞，而用 Guggenheim 法处理数据？

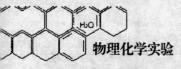

设计课题

1. 制备不同 $Cu_xFe_{3-x}O_4$ 的催化剂（$x=0$，0.5，1.0，1.5，2.0，2.5，3.0），比较它们的催化活性。以 k 对 x 作图表示活性与 x 的关系。

2. 拟定用 Guggenheim 法处理数据的实验方案，并与直接测定 V_∞ 的处理结果相比较。

实验十五　乙酸乙酯皂化反应速率常数的测定

目的

用电导法测定皂化反应进程中的电导变化，从而计算出反应速率常数。

原理

乙酸乙酯皂化反应属二级反应：

$$CH_3COOC_2H_5+OH^- \rightarrow CH_3COO^-+C_2H_5OH$$

其反应速率可用下式表示：

$$\frac{dc_x}{dt}=k(c_{A,0}-c_x)(c_{B,0}-c_x) \tag{2-39}$$

式中：$c_{A,0}$、$c_{B,0}$——分别表示两反应物的初始浓度；c_x——经过时间 t 后减少了的两反应物的浓度；k——反应速率常数。将式（2-39）积分得到：

$$k=\frac{2.303}{t(c_{A,0}-c_{B,0})}\lg\frac{c_{B,0}(c_{A,0}-x)}{c_{A,0}(c_{B,0}-x)} \tag{2-40}$$

当初始浓度相同时，即 $c_{A,0}=c_{B,0}=c_0$ 时，式（2-39）积分得：

$$k=\frac{1}{t\cdot c_0}\frac{c_x}{(c_0-c_x)} \tag{2-41}$$

随皂化反应的进行，溶液中导电能力强的 OH^- 离子逐渐被导电能力弱的 CH_3COO^- 离子所取代，溶液电导逐渐减小。

溶液的电导实际上是反应物 NaOH 与产物 NaOAc 两种电解质的贡献：

$$G_t=l_{NaOH}(c_0-c_x)+l_{NaOAc}c_x \tag{2-42}$$

式中：G_t——t 时刻溶液的电导；l_{NaOH}、l_{NaOAc}——分别为两电解质的电导与浓度关系的比例常数（在稀溶液中可认为电导与浓度成正比）。

反应开始时溶液电导全由 NaOH 贡献，反应完毕全由 NaOAc 贡献，因此

$$G_0=l_{NaOH}\cdot c_0 \tag{2-43}$$

$$G_\infty=l_{NaOAc}\cdot c_0 \tag{2-44}$$

式（2-42）减去式（2-44）　　$G_t-G_\infty=(l_{NaOH}-l_{NaOAc})(c_0-c_x)$ 　　（2-45）

式（2-43）减去式（2-42）　　$G_0-G_t=(l_{NaOH}-l_{NaOAc})c_x$ 　　（2-46）

（2-45）/（2-46）代入式（2-41），得：

$$k=\frac{1}{t\cdot c_0}\frac{G_0-G_t}{G_t-G_\infty}$$

移项写成：　　　　　　　$$G_t=\frac{1}{k\cdot t\cdot c_0}(G_0-G_t)+G_\infty \tag{2-47}$$

以 G_t 对 $\dfrac{(G_o - G_t)}{t}$ 作图可得一条直线，其斜率等于 $\dfrac{1}{k \cdot c_0}$。由此可求得反应速率常数 k。

当把电导仪的输出与记录仪连接，就可以自动记录电导的变化。这时记录纸上的峰高将与电导成正比。因此用峰高代替电导代入式（2-47）同样可求得 k 值。

在获得 G_0 的方法中，以曲线外推法最为简单直观。将电导与时间的关系曲线外推到零时刻，再在坐标轴上读出这时的电导即为 G_0（如图 2-25 所示）。但人工外推有较大的任意性，必须多次尝试才能使 G_t 对 $\dfrac{G_o - G_t}{t}$ 作图获得满意的直线关系。

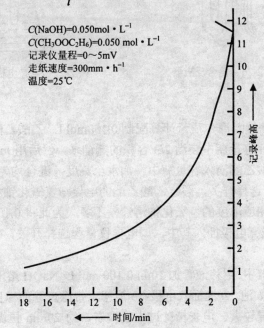

图 2-25　电导随时间的变化曲线

当忽略乙酸乙酯和乙醇的电导时，可以直接测定相当于反应开始时 NaOH 浓度的溶液的电导作为 G_0，相当于反应终了时 NaOAc 浓度溶液的电导作为 G_∞。因此，不用记录仪也可直接用电导随时间变化的电导仪读数及测得的 G_0 或 G_∞ 处理数据。

仪器与试剂

电导电极贮存瓶一个（如图 2-25 所示）。

DDS—11 型或 DDS—12A 型电导仪 1 部；记录仪（0～5mV）1 台；混合反应器 1 个（如图 2-26 所示）；恒温槽 1 套；50～100ml 注射器 1 支；20ml 移液管 2 支；100ml 容量瓶 1 个；1ml 刻度移液管 1 支；0.100 mol·L^{-1}NaOH 标准溶液；乙酸乙酯。

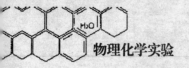

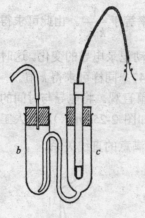

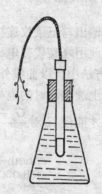

图 2-26　混合反应器　　　　　　　图 2-27　电导电极贮存瓶

实验步骤

1. 先按乙酸乙酯的密度及摩尔质量计算配制 0.100mol·L⁻¹ 乙酸乙酯 100ml 所需化学纯乙酸乙酯的体积。在 100ml 容量瓶中装满 2/3 容积的蒸馏水，然后用 1ml 刻度移液管从乙酸乙酯小滴瓶中吸取所需乙酸乙酯滴入容量瓶中，加水至刻度，混合均匀。

2. 选定电导仪量程选择开关，假定乙酸乙酯的电导与氢氧化钠相比可被忽略，因而反应开始时溶液的电导与相应浓度的氢氧化钠溶液差不多。为此将 0.100 mol·L⁻¹NaOH 溶液稀释一倍，把 DJS—1 型光亮电极插入其中，调电导仪量程选择开关，使电导仪的电表指针位于刻度正中偏左。

3. 于干净混合反应器中，用移液管加 20ml 0.100 mol·L⁻¹NaOH 溶液于 a 池。加 20ml 0.100 mol·L⁻¹ $CH_3COOC_2H_5$ 于 b 池。a 池插入电极，b 池塞上带橡皮管的橡皮塞。然后置 25℃ 的恒温槽中。这时因溶液电导较大，电表指针过中线偏右，约 20min 恒温后，用无针头的 50～100ml 注射器与 b 池橡皮管相连。然后以不致使溶液喷出的速度抽动活塞，使氢氧化钠进入 b 池与乙酸乙酯溶液混合，当 $CH_5COOC_2H_5$ 被压入一半时开始计时。再将 a 支管内的混合液抽回 b 支管内，复又压入 a 管内，如此来回数次。氢氧化钠流完后使活塞再抽出一段距离，然后推动活塞使溶液全部流入 a 池，并立即用弹簧夹将橡皮管夹死，以免溶液返回 b 池。每隔 2min 测量一次，经过约 20min，即可停止实验。

数据处理

1. 以 G_t 对 $(G_0-G_t)/t$ 作图。由所得直线斜率求反应速率常数 k。如果所得线性关系不好，则可能是外推 G_0 不正确，可以重推 G_0 再作图计算。

2. 可以自编计算机程序外推 G_0；参考数据处理中"计算机作图与待定参数的非线性拟合"部分的方法，进行数据处理。

思考题

1. 被测溶液的电导是哪些离子的贡献?反应进程中溶液的电导为什么发生变化?

2. 为什么要使两种反应物的浓度相等？如何配制指定浓度的溶液？

3. 为什么要使两溶液尽快混合完毕？开始一段时间的测定间隔期为什么应短些？

4. 用作图外推求 G_0 与测定反应开始时相同 NaOH 浓度所得 G_0 计算的 k 是否一致？

教学讨论

1. 当碱液足够稀时才能保证浓度与电导有正比关系。但浓度太稀，反应过程电导变化小，测量误差大。

2. 用称量法配制乙酸乙酯溶液可得较高准确度。对动力学实验来说，用本实验采用的方法已能满足精度要求。

3. 可将 $k = \dfrac{1}{t \cdot c_0} \dfrac{G_0 - G_t}{G_t - G_\infty}$ 改写成不同形式的线性方程进行数据处理。它们有的需要 G_0，有的需要 G_∞，有的二者同时需要。尽管各线性方程的形式不同，但只要所得 G_0 和 G_∞ 是准确的，那么最终结果并无差别。

设计课题

1. 可以参考"计算机作图与待定参数的非线性拟合"方法，自编计算机程序进行数据处理。

2. 乙酸乙酯皂化反应速率常数联机测定方法。

附1：乙酸乙酯皂化反应速率常数联机测定步骤

用电导法测定乙酸乙酯皂化反应速率常数时，常用记录仪记录电导随着时间的变化，然后从记录纸上抄录数据和外推反应初始时刻的电导 G_0。为此，往往要经过多次外推才能获得较好的结果。如果采用参考文献推荐的数学思路编程求 G_0，并配合微机采集数据和处理数据，则可不需用记录仪即可获得最佳结果。

利用 Turbo C 2.0 和 UCDOS 汉字库编制非中文平台汉显图形菜单软件。在该软件的支持下，通过 AD/DA 多功能接口板与 DDS—12A 数字电导率仪的 0～2V 的模拟量输出端连接实现联机，对该实验信号进行中断方式下的实时检测、存储和处理。实验信号实时检测的同时，在屏幕上以图形和数据的方式，直观、形象地实时显示信号的变化。并将结果以图形和数据的形式在打印机上输出。

联机测定的实现，是由软、硬件两部分协同完成的。

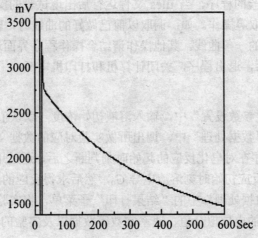

图 2-28　乙酸乙酯皂化反应的电导—时间曲线

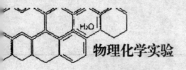

仪器与试剂

皂化反应联机检测实验装置 1 套。其中，电导率仪选用 DDS—12A 型。所用试剂与实验十五相同。

实验步骤

1．实验前的准备工作同实验十五。

2．将 0.100mol·L^{-1}NaOH 溶液稀释一倍，把 DJS—1 型光亮电极插于其中。接通打印机和微机的电源，进入"皂化反应速率常数联机测定"界面。在"实验调试"主菜单下选择合适的"调试时间"后，执行"采样调试"。观察坐标值的选取是否合理。

3．于干净混合反应器中，用移液管加 20ml 0.100mol·L^{-1}NaOH 溶液于 a 池。加 20ml 0.100mol·L^{-1}CH$_3$COOC$_2$H$_5$ 于 b 池。a 池插入电极，b 池塞上带橡皮管的橡皮塞。然后置 25℃ 的恒温槽中恒温约 20min。

4．调定合适的坐标和采样时间（默认时间 600s），并对将要检测的实验数据命名之后"采样存盘"。约 20s 之后，用取去针头的 50～100ml 注射器与 b 池橡皮管相连。然后以不致使溶液喷出的速度抽动活塞，使氢氧化钠进入 b 池与乙酸乙酯溶液混合，氢氧化钠流完后使活塞再抽出一段距离，然后推动活塞使溶液全部流入 a 池，并立即用弹簧夹将橡皮管夹死，以免溶液返回 b 池。经过约 10min，微机对实验数据的检测自动停止，获得如图 2-28 所示的电导-时间关系曲线。

乙酸乙酯皂化反应速率常数计算机处理步骤如下：

打开计算机，进入"乙酸乙酯皂化反应速率常数计算机处理"界面。

首先，在 DOS 环境下运行 fliles 文件（files 文件就是试验的程序）。

进入 DOS：开机的时候按 F8 键。进入选择操作系统的界面，在选择项中输入 5，进入 DOS 操作系统。

运行 fliles 文件：当 DOS 运行后，在屏幕上输入 CD-TC，按回车键后。再输入 files，按回车键。此时系统会打开 files 文件。

files 文件就是该实验的程序，当 files 文件运行后出现试验的操作界面。此时可以进行调试、采样、绘图、调取等操作。如：调取以前已做好的曲线时，输入 zhang.dat 就打开了以前做好的存在电脑上的一条曲线。其他操作请结合操作程序界面进行。

5．将数据处理完后，退出程序，关闭计算机和打印机电源。

数据处理

1．在主菜单下的"参数设置"中，输入溶液初始浓度（默认值为 0.05mol·L^{-1}）。

2．在主菜单下的"数据处理"中，调出所做实验对应的数据文件，执行"数据处理"子菜单。如前所述，程序在对皂化反应的起始时刻判断之后，通过用大量的实验数据，拟合 G_r-t 关系，再外推求得反应初始时刻溶液电导 G_0，然后求得反应的速率常数。

3．最后，执行"数据处理"中的"结果打印"子菜单，将实验原始数据、各时刻对应的电导、反应初始时刻的电导拟合值、速率常数等数据以及实验的"电导-时间曲线"在打印机上输出。

实验十六　甲酸氧化动力学

目的

用电动势法测定甲酸被溴氧化的反应级数、速率常数及活化能。

原理

在水溶液中甲酸被溴氧化的化学反应式如下：

$$HCOOH+Br_2 \rightarrow 2HBr+CO_2 \tag{2-48}$$

对此反应，除反应物外，$[Br^-]$和$[H^+]$对反应速率也有影响。当在实验中使 Br^- 和 H^+ 过量，保持其浓度在反应过程中近似不变，则反应速率方程可写为：

$$-\frac{d[Br_2]}{dt} = k[HCOOH]^m[Br_2]^n \tag{2-49}$$

如果 HCOOH 的初始浓度比 Br_2 大得多，可以认为在反应过程中保持不变，这时式（2-49）可写成：

$$-\frac{d[Br_2]}{dt} = k'[Br_2]^n \tag{2-50}$$

式中

$$k' = k[HCOOH]^m \tag{2-51}$$

实验测得$[Br_2]$随时间变化的规律，即可确定反应级数 n 和速度常数 k'。如果在同一温度下用两种不同过剩量的$[HCOOH]$分别进行测定，就可得到两个 k' 值。

$$k_1' = k[HCOOH]_1^m \tag{2-52}$$

$$k_2' = k[HCOOH]_2^m \tag{2-53}$$

联立解式（2-52）、（2-53），即可求出级次 m 和速率常数 k。

本实验采用电动势法跟踪 Br_2 浓度随时间的变化。以饱和甘汞电极和放在含 Br_2 和 Br^- 的反应溶液中的铂电极组成如下电池：

$$-Hg, Hg_2Cl_2|Cl^- \parallel Br^-, Br_2|Pt +$$

电池电动势为：

$$E = E^\phi_{Br^-/Br_2} + \frac{RT}{2F}\ln\frac{[Br_2]}{[Br^-]^2} - E_{甘汞}$$

在一定温度下，当$[Br^-]$保持不变时上式可写成：

$$E = 常数 + \frac{RT}{2F}\ln[Br_2] \tag{2-54}$$

如果氧化反应对 Br_2 是假一级，则（2-50）式可写成：

$$-\frac{d[Br_2]}{dt} = k'[Br_2]$$

$$积分，\quad \ln[Br_2] = 常数 - k't \tag{2-55}$$

将式（2-55）代入式（2-54）并对 t 微分：

$$k' = -\frac{2F}{RT} \cdot \frac{dE}{dt} \tag{2-56}$$

因此，如用 E 对 t 作图得到直线关系，则证实对 Br_2 是一级，可从直线斜率求 k'。

上述电池的电动势约 0.8V，而反应过程电动势的变化只有 30mV 左右。当用记录仪测

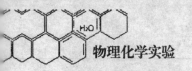
量电势变化时，为了提高测量精度而采用如图 2-29 所示的连接方法。图中用蓄电池或干电池串接 1kΩ 多圈电位器，在其中分出一恒定电压与反应电池同极串联，使被测电池电动势对消掉一部分。调整电位器使对消后剩下约 40mV，从而使测量电势变化的精度大大提高。可用记录仪或数字电压表测定电池电势随时间的变化，然后用作图法处理数据。

仪器与试剂

自动记录仪（0～50mV）1 台；超级恒温水浴 1 套；恒温夹套反应器（如图 2-30 所示）1 个；电动搅拌器 1 台；铂电极（铂丝或铂片）1 支；饱和甘汞电极 1 支；1kΩ 多圈电位器 1 个；甲电池 1 个；50mL 容量瓶 4 个；10ml 移液管 4 支。贮备液：$1.00mol\cdot L^{-1}$ 甲酸；$1.00mol\cdot L^{-1}$ 盐酸；$1.00mol\cdot L^{-1}$ 溴化钾；$0.01mol\cdot L^{-1}$ 溴水。

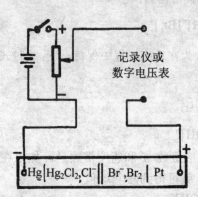

图 2-29　测电池电动势变化的接线图

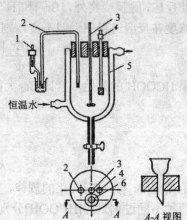

图 2-30　反应器装配图

1—甘汞电极；2—盐桥；3—电动搅拌器；

4—铂电极；5—恒温夹套反应器；6—加料漏斗

实验步骤

1．把超级恒温水浴调到指定温度，使恒温水在反应器夹套中循环。铂丝或铂片电极先用热的浓硝酸浸泡数分钟，再用水冲洗。装好盐桥、电极和搅拌器。

2．用贮备液按记录表 2-4 规定的浓度配反应液 100ml。为此先在一个 50ml 容量瓶中加所需甲酸及盐酸贮备液，另一个 50ml 容量瓶加所需溴水及溴化钾贮备液，加水至刻度后放入超级恒温水浴中恒温。

3．作第 1 组溶液时，选用记录纸速 600mm·h^{-1}，作 2、3、4 和 5 组溶液时选用 1200 mm·h^{-1}：选用 XWT—104 台式记录仪时，对应于 1、2、3、4、5 组溶液的记录纸速为 8、16、16、16、32mm·min^{-1}。

4．恒温 15min 后，开动搅拌器，从恒温水浴中取出第 1 组溶液的两个容量瓶，用毛巾擦干瓶外水滴，立即同时从漏斗倒入反应器中。调节 1kΩ 电位器，使记录笔起始位置接近标尺满刻度。如果反应是一级的，则记录纸上应绘出一条直线。为节约记录纸，每次实验完后可把记录纸倒卷回来，只与前一次的线段保持一定距离，记下每条直线的实验条件。当用数字电压表测量时，则视反应快慢，每半分钟到 1 分钟读取电势一次。

5．按记录表规定的浓度和温度依次进行实验。容量瓶用蒸馏水淌洗后再装另一组溶液。反应器用后加少量蒸馏水，开动搅拌器洗后放出，再作下一组实验。

表 2-4　甲酸氧化动力学实验记录

编号	温度 ℃	[HCOOH] mol·L⁻¹	[HCl] mol·L⁻¹	[KBr] mol·L⁻¹	[Br₂] mol·L⁻¹	$k' \times 10^3$	$k \times 10^2$	$\lg k$	$\dfrac{1}{T/K} \times 10^3$
1	25.0	0.100	0.100	0.100	0.001				
2	25.0	0.200	0.100	0.100	0.001				
3	30.0	0.100	0.100	0.100	0.001				
4	35.0	0.100	0.100	0.100	0.001				
5	40.0	0.100	0.100	0.100	0.001				

6. 全部实验完毕，取出盐桥使两端各浸在饱和氯化钾烧杯中。反应器中装蒸馏水使铂电极浸在水中。最后把甲电池的接线断开。

数据处理

1. 直接从记录纸得到电势对时间的相关直线。用数字电压表时，以电势对时间作图得此直线。为求得直线的斜率，横坐标取 20mV 相当的长度，纵坐标用米尺测出距离，再从走纸速度算出相应的时间。从直线斜率求出 k'，解联立方程求出级数 m。

2. 计算各温度下的反应速率常数。

3. 计算反应的表现活化能。

4. 将数据处理结果填入表 2-4 中。

思考题

1. 用一般直流伏特表来进行本实验的电势测量可以吗？本实验是否要求一开始反应即需要记录电势和时间？

2. 如果甲酸氧化反应对溴来说不是一级，还能不能用本实验提出的办法测定反应速率常数？

3. 为什么用记录仪进行测量时要把电池电势对消一部分？

实验十七　"碘钟"反应

目的

用初速法测定过硫酸根与碘离子的反应速率常数、反应级数和反应活化能。

原理

过硫酸根与碘离子的反应式如下：

$$S_2O_8^{2-} + 2I^- \rightarrow 2SO_4^{2-} + I_2 \tag{2-57}$$

如果事先同时加入少量硫代硫酸钠标准溶液和淀粉指示剂，则式（2-57）产生的碘便很快被还原为碘离子：

$$2S_2O_3^{2-} + I_2 \rightarrow 2I^- + S_4O_6^{2-} \tag{2-58}$$

直到 $S_2O_3^{2-}$ 消耗完，游离碘遇上淀粉即显示蓝色。从反应开始到蓝色出现所经历的时间即可作为反应初速的计量。由于这一反应能自身显示反应进程，故常称为"碘钟"反应。

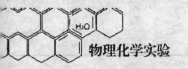

1. 反应级数和速率常数的确定

当温度和溶液的离子强度一定时，式（2-57）的速率方程可写成：

$$-\frac{d[S_2O_8^{2-}]}{dt} = k[S_2O_8^{2-}]^m[I^-]^n \tag{2-59}$$

在测定反应级数的方法中，反应初速法能避免反应产物干扰，求得反应物的真实级数。

如果选择一系列初始条件，测出对应于析出碘量为$\Delta[I_2]$的蓝色出现时间Δt，则反应的初始速率是：

$$-\frac{d[S_2O_8^{2-}]}{dt} = \frac{d[I_2]}{dt} = \frac{\Delta[I_2]}{\Delta t} \tag{2-60}$$

设各初始条件下每次加的硫代硫酸钠量不变，即$\Delta[I_2]$为常数，则

$$-\frac{d[S_2O_8^{2-}]}{dt} = \frac{常数}{\Delta t} \tag{2-61}$$

将式（2-61）代入式（2-59）取对数：

$$\ln\left[\frac{1}{\Delta t}\right] = \ln k + m\ln\left[S_2O_8^{2-}\right] + n\ln[I^-] - 常数 \tag{2-62}$$

因此，保持$[I^-]$不变，以$\ln\left[\dfrac{1}{\Delta t}\right]$对$\ln[S_2O_8^{2-}]$作图，从所得直线斜率可求得$m$；保持$[S_2O_8^{2-}]$不变，以$\ln\left[\dfrac{1}{\Delta t}\right]$对$\ln[I^-]$作图可以求得$n$。再根据式（2-59）、式（2-60），可求得反应速率常数k。

2. 反应活化能的测定

根据阿仑尼乌斯方程：

$$\ln k = \ln A - \frac{E_a}{RT}$$

假定在实验温度范围活化能不随温度改变，测得不同温度的速率常数后即可按$\ln k$对$1/T$作图，从所得直线斜率求得活化能E_a。溶液中的离子反应与溶液离子强度有关，因此实验时需在溶液中维持一定的电解质浓度以保持离子强度不变。

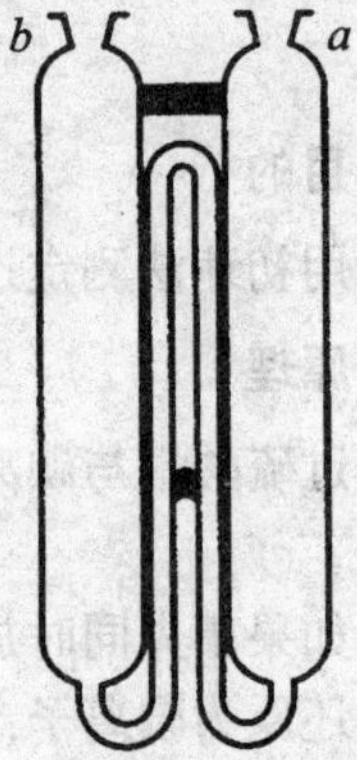

仪器与试剂

混合反应器（如图 2-31 所示）；10ml、5ml 移液管；10ml 刻度移液管；秒表。0.1mol·L^{-1}(NH₄)₂S₂O₈（或 K₂S₂O₈）溶液；0.1mol·L^{-1} (NH₄)₂SO₄（或 K₂SO₄）溶液；0.1mol·L^{-1}KI 溶液；0.005mol·L^{-1} Na₂S₂O₃ 标准溶液；0.5%淀粉指示剂。

实验步骤

按照表 2-5 所列数据将（NH₄）₂S₂O₈ 溶液及（NH₄）₂SO₄ 溶液放入反应器 a 池，并加 2ml 0.5%淀粉指示剂；将 KI 溶液及 Na₂S₂O₃ 溶液加入 b 池。在 25℃恒温 10min 后，用洗耳球将 b 池溶液迅速压入 a 池，当溶液压入一半即开始记时，并可来回吸压一次使混合均匀。观察蓝色出现即停止记时。

图 2-31　混合反应器

表 2-5   "碘钟"反应实验试剂配制计划

编 号	$(NH_4)_2S_2O_8$（溶液体积/ml）	$(NH_4)_2SO_4$ 溶液体积/ml	KI（溶液体积/ml）	$Na_2S_2O_8$（溶液体积/ml）
1	10	6	4	5
2	10	4	6	5
3	10	2	8	5
4	10	0	10	5
5	8	2	10	5
6	6	4	10	5
7	4	6	10	5

用相同方法进行其他组溶液的实验，记住每次加淀粉指示剂均为 2ml。

2．取 4 号溶液作 30℃、35℃、40℃的实验，求活化能。

数据处理

1．取实验编号 1、2、3、4 的数据，以 $\ln\left[\dfrac{1}{\Delta t}\right]$ 对 $\ln[I^-]$ 作图，从所得直线斜率求 n；取

实验编号 4、5、6、7 的数据，以 $\ln\left[\dfrac{1}{\Delta t}\right]$ 对 $\ln[S_2O_8^{2-}]$ 作图，从所得直线斜率求 m。

2．用实验所得数据按式（2-59）、式（2-60）计算反应速率常数。用作图法求反应活化能。

思考题

1．用反应初速法测定动力学参数有什么优点？

2．本实验是否符合保持其中一种反应物浓度不变的条件？

3．溶液中离子强度为何影响反应速率？实验中加入 $(NH_4)_2SO_4$ 的作用是什么？

4．活化能与温度有无关系？活化能大小与反应速率有何关系？

实验十八　离子交换动力学

目的

研究磺酸型阳离子交换树脂的交换反应动力学。

原理

树脂在溶液中进行的离子交换反应属于多相过程，可以把这一过程划分为下列几个步骤：

（1）溶液中的离子通过对流和扩散到达树脂表面的静止液膜；

（2）离子通过扩散透过静止液膜，到达树脂表面；

（3）离子在树脂内部扩散；

（4）扩散进入的离子与原树脂上的离子进行交换；

（5）被交换的离子在树脂中扩散；

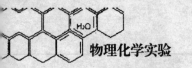

（6）被交换离子透过树脂表面液膜进入溶液。

离子交换过程的总速率取决于最慢的步骤。根据前人研究指出，在稀溶液中，树脂表面液膜的扩散是交换速率的控制步骤。因此它服从费克扩散定律：

$$\frac{\mathrm{d}n}{\mathrm{d}t} = -AD\frac{\Delta c}{\delta} \tag{2-63}$$

式中：$\frac{\mathrm{d}n}{\mathrm{d}t}$——单位时间扩散通过界面的物质的量，即扩散速率；$A$——相界面积；

D——扩散系数；δ——液膜厚度；Δc——液膜两边的浓度差。

由此看来，交换速率应与下列因素有关：

（1）树脂的粒度：对一定量的树脂来说，粒度越小，比表面积就越大，交换速率越快。

（2）溶液中的离子浓度：当速率受扩散控制时，则液膜靠近树脂一边的离子浓度趋近于零，膜两边的浓度差Δc与溶液中的离子浓度成正比，故交换速率与溶液中的离子浓度成正比。

（3）搅拌速率：树脂表面静止液膜的厚度δ与搅拌速率有关。达到一定搅拌速率之后，δ与搅拌速率关系不大，这时增大搅拌速率对交换速率影响很小。

在保持其他条件不变时，分别改变树脂粒度、溶液浓度和搅拌速率，测定它们对交换速率的影响，将有助于上述机理的验证。

也可从液膜控制机理这一假定出发，导出离子交换反应的动力学公式，然后用实验数据来检验公式是否与假定的机理相符。

现有 H 型阳离子树脂与溶液中 K^+ 进行交换。按扩散控制机理推导其动力学方程：

设 D_H, D_K——H^+ 及 K^+ 的扩散系数；$[H^+]_s$, $[K^+]_s$——溶液中的离子浓度；$[H^+]_r$, $[K^+]_r$——树脂表面上的离子浓度；$[H^+]_r$, $[K^+]_r$——树脂中的离子浓度；n_t——t 时刻的交换量；n_∞——树脂的总交换量。根据费克扩散定律，K^+从溶液中透过液膜向树脂表面的扩散速率为：

$$\frac{\mathrm{d}n_t}{\mathrm{d}t} = \frac{AD_K}{\delta}([K^+]_s - [K^+]_r) \tag{2-64}$$

H^+从树脂表面透过液膜向溶液的扩散速率为：

$$\frac{\mathrm{d}n_t}{\mathrm{d}t} = \frac{AD_H}{\delta}([H^+]_r - [H^+]_s) \tag{2-65}$$

树脂表面的离子与树脂中的离子很快达到交换平衡：

$$K^+ + H_r^+ \Longrightarrow K_r^+ + H^+$$

它的平衡常数用下式表示：

$$K = \frac{[H^+]_r[K_r^+]}{[K^+]_r[H_r^+]} \tag{2-66}$$

显然，$\frac{[K_r^+]}{[H_r^+]} = \frac{n_t}{n_\infty - n_t}$，当溶液保持碱性时，$[H^+]_s$ 可以忽略不计，联立解式（2-64）、式（2-65）、式（2-66），消去未知的$[H^+]_r$和$[K^+]_r$得微分方程：

$$\frac{\mathrm{d}n_t}{\mathrm{d}t}\left[1 + \frac{D_K}{KD_H}\left(\frac{n_t}{n_\infty - n_t}\right)\right] = \frac{AD_K[K^+]_s}{\delta}$$

令 $\dfrac{n_t}{n_\infty} = F$，将上式积分得到：

$$-\frac{1}{F}\ln(1-F) = \frac{AD_HK[K^+]_S}{\delta n_\infty}\left(\frac{t}{F}\right) + \left(1 - \frac{KD_H}{D_K}\right)$$

在一定操作条件下，A、K、D_H、D_K、δ、n_∞ 和 $[K^+]_S$ 均为常数。以 $-\dfrac{1}{F}\ln(1-F)$ 对 $\dfrac{t}{F}$ 作图，如果是一条直线，即可验证交换过程服从液膜控制机理。

仪器与试剂

电磁搅拌器；PHS—29A 型酸度计（配复合玻璃电极）；离子交换柱；25ml 碱式滴定管 1 支；50ml 烧杯 1 个；250ml 烧杯 1 个；5ml，2ml 移液管各 1 支；电子秒表 1 只。固体 KCl；0.1mol·L^{-1}KCl；0.05mol·L^{-1}KOH；2mol·L^{-1}HCl；0.05mol·L^{-1} 邻苯二甲酸氢钾溶液（pH = 4.0）。

实验步骤

1. 阳离子树脂的预处理：把树脂装在交换柱中，用稍过量的 2mol·L^{-1}HCl 淋洗三四次，使树脂变为 H 型，再用去离子水淋洗至洗出液 pH＞4，然后把树脂移置瓷盘中，维持 50℃左右烘干，取出过筛，分成 20～40、40～60 和 60～80 筛目（0.9～0.45、0.45～0.28 和 0.28～0.18mm 三种粒度，如果粒度不够细，可用乳钵碾细过筛），分装在磨口瓶中备用。

2. 称取约（0.50±0.01）g 树脂于 250ml 烧杯中，加去离子水 150ml（按本实验"教学讨论"中推荐的指示剂法时，加入指示剂三滴），在烧杯上方装好盛满 0.05mol·L^{-1}KOH 的滴定管。于另一 50ml 烧杯中加入 2mL 0.1mol·L^{-1}KCl 和 50mL 去离子水。

3. PHS—29A 型酸度计接通电源后，调"零点调节"至指针在 pH = 2.0 处，调"温度调节"至室温。用 pH = 4.0 的邻苯二钾酸氢钾溶液进行 pH 定位，这时将复合电极浸入溶液后即按下读数开关，调节"定位"电位器至指针达 pH = 4.0，放开按钮如不指向 pH = 2.0，则重调零点，反复调定至读数再现为止。

4. 定位后将复合电极浸入 250ml 烧杯中，开动电磁搅拌器，将 50ml 烧杯中的 KCl 溶液倒入，当溶液 pH = 5 时（指示剂由黄变蓝绿），立即按一下电子秒表累加计时功能的按钮开始记时，并立即用滴定管加 1mlKOH 溶液。当又回到 pH = 5 时（指示剂变蓝绿），按一下按钮，计数停止（但计时并未停止），记录时间读数，再按一下按钮则继续计数，同时立即再加 1ml KOH 溶液。如此重复操作，至碱液加完约 12ml 为止。然后加入少量固体氯化钾，使树脂中的 H$^+$ 被交换完全，再用 KOH 滴定至 pH = 5 不再改变为止。

如果出现反应过快或过慢而不利于操作时，可适当增减树脂用量或调整溶液浓度。

5. 在保持其他条件不变时改变树脂粒度、改变溶液中的 K$^+$ 浓度或改变搅拌速度，再进行实验。

数据处理

1. 将实验和计算数据列表，交换量 n_t 和 n_∞ 都可用消耗的 KOH 溶液的体积（ml）表示（因 $F = \dfrac{n_t}{n_\infty}$ 的单位为 1）。

2. 以 F 对 t 作图，比较不同粒度、不同 $[K^+]_S$ 及不同搅拌速度对交换速率的影响，判断

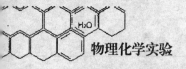

机理有无变化。

3. 以 $-\frac{1}{F}\ln(1-F)$ 对 $\frac{t}{F}$ 作图，验证在稀溶液中离子交换的液膜控制机理。

思考题

1. 何谓树脂的换型，如何换型？

2. 何谓多相过程的控制步骤？多相过程与均相过程有何不同？

3. 扩散速率与哪些因素有关？如何增大扩散速率？

4. 为何可以认为本实验过程中的 $[K^+]_S$ 不变？

实验十九　电泳及 ζ 电位的测定

目的

1. 用电泳法测定 $Fe(OH)_3$ 溶胶的 ζ 电位。

2. 通过实验观察并熟悉胶体的电泳现象。

3. 通过本实验，了解电泳法测 ζ 电位的技术。

原理

在胶体的分散体系中，由于胶粒本身电离，或胶粒向分散介质选择性地吸附一定量的离子，可能胶粒与分散介质之间相互摩擦生电，使胶粒的表面具有一定量的电荷。显然，在胶粒四周的分散介质中，具有电量相同而符号相反的对应离子。荷电的电位差称为 ζ 电位。

在外加电场的作用下，荷电的胶粒与分散介质间会发生相对运动，胶粒向正极或负极（胶粒所荷负电或正电而定）移动的现象称为电泳。同一胶粒在同一电场中的移动速度与 ζ 电位的大小有关，所以 ζ 电位也称为电动电位。

测定 ζ 电位，对解释胶体体系的稳定性具有很大的意义。在一般憎液溶胶中，ζ 电位数值愈小，则其稳定性愈差。当 ζ 电位等于零时，溶胶的聚集稳定性最差，此时可观察到聚沉的现象。因此，无论制备胶体或破坏胶体，都需要了解所研究胶体的 ζ 电位，但最方便的则是用电泳现象来测定。

电泳法又分为两类，即宏观法和微观法。宏观法原理是观察溶胶与另一不含胶粒的导电液体的界面在电场中的移动速度；微观法是直接观察单个胶粒在电场中的运动速度。对高分散的溶胶，如 As_2S_3 溶胶和 Fe_2O_3 溶胶，或过浓的溶胶，不易观察个别粒子的运动，只能用宏观法。对于颜色太淡或浓度过稀的溶胶，则适宜用微观法。本实验采用宏观法。

宏观电泳法的原理：例如测定 $Fe(OH)_3$ 溶胶的电泳，则在电泳测定槽中先放入棕红色的 $Fe(OH)_3$ 溶胶，然后在电泳测定槽中放入无色的稀 HCl 溶液。在电泳测定两槽各放一根电极，通电到一定时间后，即可见 $Fe(OH)_3$ 溶胶的棕红色界面向负极移动，这说明 $Fe(OH)_3$ 胶粒是带正电荷的。

ζ 电位的数值，可根据海姆霍茨方程式计算：

$$\xi = \frac{4\pi\eta}{\varepsilon H}\cdot\mu \quad 静电单位 \tag{2-65}$$

或者

$$\xi = \frac{4\pi\eta}{\varepsilon H} \cdot \mu \cdot 300 \quad 伏特 \tag{2-66}$$

式中，H 称为电位梯度。

$$H = \frac{E}{L} \tag{2-67}$$

η 是液体的黏度（泊）；ε 是液体的介电常数；对水而言 $\varepsilon = \delta 1$；$\eta_{20^\circ C} = 0.01005$；$\eta_{25^\circ C} = 0.00894$；$E$ 是外加电场的电压数值（V），L 是两电极间的距离（cm）；μ 是电泳速度（即迁移的速度）（cm/s）。

仪器和试剂

电泳仪 DYY—11 型一台；$Fe(OH)_3$ 胶体溶液；稀 HCl 溶液（$0.0004mol \cdot L$）。

实验步骤

先将待测胶体溶液（$Fe(OH)_3$）按电泳槽操作，然后按电泳仪 DYY—11 型说明书进行测定。由小漏斗中注入电泳器的 U 型管底部至适当的地方，然后以滴管分别以等量的电导与溶胶相同的稀 HCl 溶液徐徐沿着管壁加入 U 型管的左右两臂（勿使胶体液面与溶液面混和），约 10cm 高度。加好后轻轻将铂极插入 HCl 液层中，注意不要搅动液面，铂极应放平勿斜，并使两极浸入液面下的深度相等，记下胶体液面的高度位置，按操作指南中的步骤进行实验操作。

时　间（s）	迁移路程（cm）	电　压（V）

数据处理

1．由实验结果，计算电泳的速度 $u_i = \dfrac{S}{t}$（cm/s）。

2．计算出胶粒的 ζ 电位。

3．胶粒带什么电荷？

实验二十　表面吸附量和表面张力的测定

目的

1．用气泡最大压力法测定正丁醇的表面张力，从而计算溶液在某一浓度时的表面吸附量 Γ。

2．熟悉数字压力计的使用方法。

原理

1．在指定的温度下，纯液体的表面张力是一定的，一旦在液体中加入溶质成溶液时情况就不同了，溶液的表面张力与温度有关，而且也与溶质有关。这是由于溶液中的部分溶质分子进入溶液表面，使表面层的分子组成发生了改变，分子间引力起了变化，因此表面张力

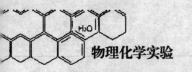

也随着改变。根据实验结果，加入溶质以后在表面张力发生改变的同时还发现溶液表面层的浓度与内部浓度有所差别，有些溶液表面浓度大于溶液内部浓度，有些恰恰相反，这种现象称为溶液的表面吸附作用。

按吉布斯吸附等温式：

$$\Gamma = -\frac{c}{RT} \cdot \frac{d\sigma}{dc} = -\frac{1}{RT} \cdot \frac{d\sigma}{d\ln c} \tag{2-68}$$

式中：Γ ——代表溶质在单位面积表面层中的吸附量（mol/m^2）；

$\quad\quad$ c ——代表平衡时溶液浓度（mol/L）；

$\quad\quad$ R ——气体常数（$8.314 J \cdot mol^{-1} \cdot K^{-1}$）；

$\quad\quad$ T ——吸附时的温度（K）。

从式（2-68）可以看出：在一定温度时，溶液表面吸附与平衡时溶液浓度 C 和表面张力随浓度变化率 $\frac{d\sigma}{dc}$ 成正比关系。

当 $\frac{d\sigma}{dc} < 0$ 时，$\Gamma > 0$ 表示溶液表面张力随浓度增加而降低，溶液表面发生正吸附，此时溶液表面层浓度大于溶液内部浓度。

当 $\frac{d\sigma}{dc} > 0$ 时，$\Gamma < 0$ 表示溶液表面张力随浓度增加而增加，溶液表面发生负吸附，此时溶液表面层浓度小于溶液内部浓度。

本实验用正丁醇配制成一系列不同浓度的水溶液，分别测定这些溶液的表面张力 σ，然后以 σ 对 $\ln c$ 作图得一曲线，求曲线上某一点的斜率 $\frac{d\sigma}{d\ln c}$ 可计算相当于该点浓度时溶液的表面吸附量（如图 2-31 所示）。

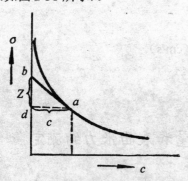

图 2-32 表面张力与浓度的关系

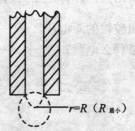

图 2-33 最大气泡示意图

1. 本实验测定各溶液的表面张力采用气泡最大压力法，此法的原理是当毛细管与液面接触时，往毛细管内加压（或在溶液体系减压）就可以在液面毛细管出口处形成气泡。如果毛细管半径很小，表面几乎是平的，即这时的曲率半径最大，随着气泡的形成，曲率半径逐渐变小，直到形成半球形，这时曲率半径 R 与毛细管半径 r 相等，曲率半径达最小值。此时附加压力为产生气泡最大的压力（如图 2-32 所示）。

此时：

$$\Delta p = \frac{2\sigma}{R} = \frac{2\sigma}{r} \qquad\qquad (2-69)$$

其中：Δp——最大附加压力；

　　　　r——毛细管半径（此时等于气泡的曲率半径 R）；

　　　　σ——表面张力。

当密度为 ρ 的液体作压差计介质时，测得与 Δp 相应的最大压差为 Δh_m。按式（2-69）得：

$$\sigma = \frac{r}{2}\Delta p = \frac{r}{2}\Delta h_m \rho g = K\Delta h_m \qquad\qquad (2-70)$$

其中 K 在一定温度下仅与毛细管半径 r 有关，称毛细管仪器常数，此常数可从已知表面张力的标准物质测得。

仪器与试剂

DP－A 精密数字压力计；DP—AW 表面张力组合实验装置（如图 2-34 所示）；水浴恒温槽一套；吸管 6 支分析纯正丁醇；蒸馏水。

实验步骤

1. 实验前将毛细管和试管用洗液洗净，按图 2-34 所示装好全套装置，将温度调至 30℃。

2. 在大试管中盛入水，放入毛细管，使毛细管管口刚好与液面相接触，放入恒温水浴中恒温 10min，缓缓打开放水活塞，使气泡从毛细管尽可能慢慢地放出（每分钟 4～6 个气泡）。待气泡均匀稳定地放出时，读取压力计上的最大数值 Δh_m，读三次，取平均值，计算毛细管常数 k。

3. 按上述方法将正丁醇水溶液浓度按从小到大的顺序测定各自的 Δh_m 值。

4. 实验完毕，洗净玻璃仪器，关掉电源。

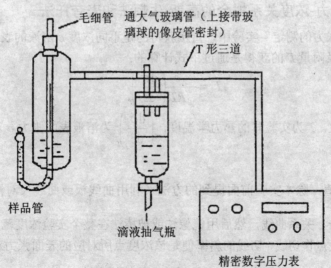

图 2-34　DP-AW 表面张力组合实验装置图

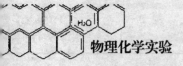

数据记录与处理

1. 毛细管常数的测定

实验温度：

Δh_m （mmH$_2$O）	水的表面张力（N·m^{-1}）	仪器常数 k
1、2、3 平均		

由式（2-70）计算毛细管仪器常数 k 上。

2. 溶液表面吸附量 Γ 的测定：

溶液	浓度 c（mol/L）	1gc	最大压差 Δh_m（mmH$_2$O）	表面张力 σ（N·m^{-1}）

由式（2-70）计算不同浓度溶液的表面张力 σ，并把相应的 Δh_m 值填入表中（溶液浓度在试剂瓶标签上），以 σ 对 1gc 作图得一曲线。计算溶液浓度 $c= 4.00\times10^{-4}$mol/L 时的溶液表面吸附量。

思考题

1. 为什么保持仪器和药品的清洁是本实验的关键？

2. 为什么毛细管尖端应平整光滑，安装时要垂直并刚好接触液面？

3. 试述溶液表面吸附量的物理意义。

设计课题

1. 将改用 JK99C 全自动张力仪对对应体系的表面张力进行测定，并进行讨论。

2. 设计计算机数据处理程序。

附1：表面张力-浓度关系拟合的高斯-牛顿法和麦夸托法

在"溶液表面张力的测定"实验中，直接获得的是不同浓度 c 溶液的表面张力 σ。而不同浓度的溶液表面吸附量 Γ 的获得是通过下式计算的：

$$\Gamma = -\frac{c}{RT}\left(\frac{d\sigma}{dc}\right)_T \tag{2-71}$$

式中，R 为气体常数，T 为实验时的热力学温度，$\left(\dfrac{d\sigma}{dc}\right)_T$ 为溶液表面张力 σ 对溶液浓度的导数。

为求得 $\left(\dfrac{d\sigma}{dc}\right)_T$ 值，除本实验前面提到的方法（利用曲线板或曲线尺对溶液表面张力与浓度的实验数据作 σ-c 关系曲线，然后用镜像法或玻棒法在整个实验浓度范围内的 σ-c 曲线上，选取不同的浓度点作切线，切线的斜率便是该浓度点所对应的表面张力对溶液浓度的导数值 $\left(\dfrac{d\sigma}{dc}\right)_T$），本实验介绍表面张力-浓度关系的非线性拟合法。

为此，首先要建立表面张力-浓度之间的数学关系模型。

表达 $\sigma\text{-}c$ 关系的数学模型至少应满足三个条件：

第一，能够表达 σ 和 c 之间的曲线关系；第二，包含边界条件——溶液浓度趋近于零时，表面张力值趋近于实验温度下纯溶剂的表面张力值；第三，由 $\sigma\text{-}c$ 数学模型与 Gibbs 吸附等温式共同导出的 $\Gamma\text{-}c$ 数学关系式，符合实际即随着溶液的浓度的增大，吸附量逐渐达到饱和。

希什科夫斯基的经验公式满足上述三个条件，可以作为表达正丁醇溶液的表面张力 σ 与浓度 c 之间的关系的数学模型。

$$\sigma = \sigma_0 - \sigma_0 \times b \times \ln(1 + c/a) \qquad (2\text{-}72)$$

这里的 a、b 是待定常数。

这个模型不是线性模型，因而用它对 $\sigma\text{-}c$ 曲线进行拟合时，计算方法上采用高斯-牛顿法与麦夸脱法相结合，求待定常数。

高斯-牛顿法和麦夸脱法两种计算方法都是以残差平方和极小为前提，求最佳参数。之所以采用两种方法相结合的算法，是因为两种方法各有长短，结合使用可以互相弥补。高斯-牛顿法收敛速度快，采用它可以在短时间内得到数据拟合结果。但是它的长程收敛性不好，对某些实验者的实验数据进行拟合处理，往往得不到解。在此情况下，用麦夸脱法就能保证收敛，得到待定参数的最佳值。对于采用高斯-牛顿法能够求解的实验数据，则不宜用麦夸脱法。因为对此类数据，它的收敛速度特慢。

曲线拟合

以式（2-72）作为表达 $\sigma\text{-}c$ 关系的数学模型，用高斯-牛顿法对观测数据（σ_i，c_i）进行拟合（i=1，2，…，n）。

在确定了待定常数 a、b 后，便根据式（2-72）求表面张力对浓度的导数，获得不同浓度所对应的 $\left(\dfrac{\mathrm{d}\sigma}{\mathrm{d}c}\right)_T$ 值。然后根据式（2-68）求溶液在相应浓度的表面吸附量 Γ。

附2：表面张力的计算机处理步骤

1. 打开计算机，进入"溶液表面张力计算机处理"界面。

首先，在 DOS 环境下运行 fliles 文件（files 文件就是试验的程序）。

2. 进入 DOS：开机的时候按 F8 键进入选择操作系统的界面，在选择项中输入 5 进入 DOS 操作系统。

进入 DOS 后，① 输入 D：\trueb\hello 按回车键；② 输入 hello，按回车键；③ 输入 old；④ 按空格键 stension 按回车键）。

此时打开 hello 文件。（hello 文件为此实验程序）然后进行操作。

F_1（编辑）。

F_2（命令）。

d=0 步长（学生数据可是 0.001）。

n=9 数据组数。

t=273.15 实验温度。

T_w=水的压差。

正丁醇溶液。

希斯科本斯基经验公式。

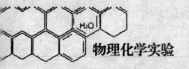

C：\windows>stension 按回车键。

old stension 按回车键。

编辑按 F_1；

运行按 F_9；

退出按 F_2；

Bye 按回车键。

注：进行上述操作的前提是系统已经安装 DOS 操作系统。而且实验的原程序已经装入相应的盘，路径也要一致。

数据处理

1．各浓度实验数据测试完成后，输入各溶液的浓度、实验温度及相应温度下水的表面张力值等基本数据。

2．进行"数据处理"，得到表面张力-浓度拟合方程、不同浓度下溶液的表面张力、表面吸附量等数据。数据处理后得到的"表面张力-浓度关系曲线"、"表面吸附量-浓度关系曲线"，如图 2-35 所示。

3．将数据处理得到的数据与图形打印出来。

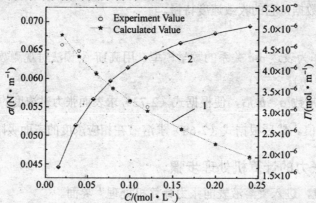

图 2-35　（1）溶液表面张力-浓度曲线；（2）表面吸附量-浓度曲线

实验二十一　溶液吸附法测定固体比表面积

目的

1．用次甲基蓝水溶液吸附法测定颗粒活性炭的比表面积；

2．了解朗谬尔（Langmuir）单分子层吸附理论及溶液法测定比表面的基本原理。

原理

水溶性染料的吸附已应用于测定固体比表面,在所有的染料中次甲基蓝具有最大的吸附倾向。研究表明，在一定的浓度范围内，大多数固体对次甲基蓝的吸附是单分子层吸附，符合朗谬尔吸附理论。

朗谬尔吸附理论的基本假定是：固体表面是均匀的，吸附是单分子层吸附，吸附剂一旦被吸附质覆盖就不能再吸附。在吸附平衡时，吸咐和脱附建立动态平衡；吸附平衡前，吸附速率与空白表面成正比，解吸速率与覆盖度成正比。

设固体表面的吸附位总数为 N，覆盖度为 θ，溶液中吸附质的浓度为 c，根据上述假定，有：

吸附质分子（在溶液）$\underset{\text{解吸}k_{-1}}{\overset{\text{吸附}k_1}{\rightleftharpoons}}$ 吸附质分子（在固体表面）

吸附速率 $\qquad\qquad\qquad v_{吸}=k_1N(1-\theta)c$

解吸速率 $\qquad\qquad\qquad v_{解}=k_{-1}N\theta$

当达到动态平衡时，

$$k_1N(1-\theta)c=K_{-1}N\theta$$

由此可得：

$$\theta=\frac{k_1c}{k_{-1}+k_1c}=\frac{K_{吸}c}{1+K_{吸}c} \qquad (2-73)$$

式中 $K_{吸}=\dfrac{k_1}{k_{-1}}$ 称为吸附平衡常数，其值决定于吸附剂和吸附质的本性及温度，$K_{吸}$ 值越大，固体对吸附质吸附能力越强。若以 Γ 表示浓度 c 时的平衡吸附量，以 Γ_∞ 表示全部吸附位被占据的单分子层吸附量，即饱和吸附量，则

$$\theta=\frac{\Gamma}{\Gamma_\infty}$$

代入式（2-73），得：

$$\Gamma=\Gamma_\infty\frac{K_{吸}c}{1+K_{吸}c} \qquad (2-74)$$

将式（2-74）重新整理，可得如下形式：

$$\frac{c}{\Gamma}=\frac{1}{\Gamma_\infty K_{吸}}+\frac{1}{\Gamma_\infty}c \qquad (2-75)$$

作 c/Γ 对 c 图，从其直线斜率可求得 Γ_∞，再结合截距便得到 $\Gamma_\infty K_{吸}$（是指每克吸附剂饱和吸附吸附质的物质的量），若每个吸附质分子在吸附剂上所占据的面积为 σ_A，则吸附剂的比表面积可按下式计算：

$$S=\Gamma_\infty L\sigma_A \qquad (2-76)$$

式中 S 为吸附剂比表面积，L 为阿伏加德罗常数。

次甲基蓝具有以下矩形平面结构：

阳离子大小为（$17.0\times7.6\times3.25\times10^{-30}$）$m^3$。次甲基蓝的吸附有三种取向：平面吸附投影积为（$135\times10^{-20}$）$m^2$，侧面吸附投影面积为（$75\times10^{-20}$）$m^2$，端基吸附投影面积为（$39\times10^{-20}$）$m^2$。对于非石墨型的活性炭，次甲基蓝是以端基吸附取向吸附在活性炭表面，因此 $\sigma_A=$（39×10^{-20}）m^2。

根据光吸收定律，当入射光为一定波长的单色光时，某溶液的吸光度与溶液中有色物质的浓度及溶液层的厚度成正比，即：

$$A=1g\frac{I_0}{I}=abc \qquad (2-77)$$

式中，A 为吸光度，I_0 为入射光强度，I 为透过光强度，a 为吸光系数，b 为光径长度或液层

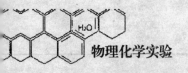

厚度，c 为溶液浓度。

次甲基蓝溶液在可见区有两个吸收峰：445nm 和 665nm。在 445nm 处活性炭吸附对吸收峰有很大的干扰，故本实验选用的工作波长为 665nm，并用 UV—Z100 型光电分光光度计进行测量。

仪器和试剂

2100 型&UV—2100 型分光光度计及其附件	1 套	容量瓶（500ml）	6 只
康氏振荡器	1 台	2 号砂芯漏斗	5 只
容量瓶（50ml）	5 只	带塞锥形瓶（100ml）	5 只
容量瓶（100ml）	5 只	滴管	2 支

次甲基蓝溶液：0.2%左右原始溶液；0.3126×10^{-3} mol·dm^{-3} 标准溶液

颗粒状非石墨型活性炭

实验步骤

1. 样品活化：将颗粒活性炭置于瓷坩埚中放入 500℃马福炉活化 1h，然后置于干燥器中备用。

2. 溶液吸附：取 5 只洗净干燥的带塞锥形瓶，编号，分别准确称取活化过的活性炭约 0.1g 置于瓶中，按下述方法配制不同浓度的次甲基蓝溶液（在 500ml 容量瓶中配制）50ml，然后塞上磨口塞，放置在康氏振荡器上振荡 3～5h。样品振荡达到平衡后，将锥形瓶取下，用砂芯漏斗过滤，得到吸附平衡后滤液。分别称取滤液 5g 放入 500ml 容量瓶中，并用蒸溜水稀稀至刻度，待用。

瓶编号	1	2	3	4	5
V0.2% 次甲基蓝溶液 ml	30	20	15	10	5
V（蒸溜水）ml	20	30	35	40	45

3. 原始溶液处理

为了准确测量约 0.2%次甲基蓝原始溶液的浓度，称取 1.25g 溶液放入 500ml 容量瓶中，并用蒸馏水稀稀至刻度，待用。

4. 次甲基蓝标定溶液的配制

用台秤分别称取 2、4、6、8、11g 0.3126×10^{-3} mol·L 标准次甲基蓝溶液于 100ml 容量瓶中，用蒸馏水稀稀至刻度，待用。

5. 选择工作波长

对于次甲基蓝溶液，工作波长为 665nm。由于各台分光光度计波长刻度略有误差，可取某一待用标定溶液，在 600～700nm 范围内测量吸光度，以吸光度最大时的波长作为工作波长。

6. 测量吸光度

以蒸馏水为空白溶液，分别测量五个标定溶液，五个稀释后的平衡溶液以及稀释后的原始溶液的吸光度。

数据处理

1．作次甲基蓝溶液浓度对吸光度的工作曲线

算出各个标定溶液的摩尔浓度，以次甲基蓝标定溶液摩尔浓度对吸光度作图，所得直线即工作曲线。

2．求次甲基蓝原始溶液和各个平衡溶液浓度

将实验测定的稀释后原始溶液的吸光度从工作曲线上查得对应的浓度，乘上稀释倍数400，即为原始溶液的浓度。

将实验测定的各个稀释后的平衡溶液吸光度从工作曲线上查得对应的浓度，乘上稀释倍数100，即平衡溶液浓度 c。

3．计算吸附溶液的初始浓度

按实验步骤2的溶液配制方法，计算各吸附溶液的初始浓度 c_0。

4．计算吸附量

由平衡浓度 c 及初始浓度 c_0 数据，按下式计算吸附量 Γ ：

$$\Gamma = \frac{(c_0 - c)V}{m} \tag{2-78}$$

式中 V 为吸附溶液的总体积（以 L 表示），m 为加入溶液的吸附剂质量（以 g 表示）。

5．作朗谬尔吸附等温线

以 Γ 为纵坐标，c 为横坐标，作 Γ 对 c 的吸附等温线。

6．求饱和吸附量

由 Γ 和 c 数据计算 $\dfrac{c}{\Gamma}$ 值，然后作 $\dfrac{c}{\Gamma}$-c 图，由图求得饱和吸附量 Γ_∞。将 Γ_∞ 值用虚线作一水平线在 Γ-c 图上。这一虚线即是吸附量 Γ 的渐近线。

7．计算活性炭样品的比表面积

将 Γ_∞ 值代入式（2-73），可算得活性炭样品的比表面积。

思考题

1．固体在稀溶液中对溶质分子的吸附与固体在气相中对气体分子的吸附有什么区别？

2．根据朗谬尔理论的基本假定，结合本实验数据，算出各平衡浓度的覆盖度，计算饱和吸附平衡浓度范围。

3．溶液产生吸附时，如何判断其达到平衡？

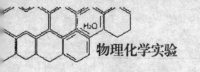

三、附　录

附录一　温度的测量与控制

当两个温度不同的物体相接触时，必然有能量以热的形式由高温物体传至低温物体；而当两个物体处于热平衡时，它们的温度必然相同。这是温度测量的基础。

温度的数值表示方法称为温标。温度的量值与温标的选定有关。我国规定自 1991 年 7 月 1 日起施行 1990 年国际温标（ITS-90）。

众所周知，热力学温度是国际单位制（SI）的七个基本单位之一，它用符号 T 表示，其单位是开，单位符号是 K。定义热力学温度单位开是水的三相点热力学温度的 1/273.16。

由于摄氏温标使用较早，人们更为熟悉，故把它作为具有专门名称的 SI 导出单位保留了下来，用符号 t 表示，单位符号是℃。单位摄氏度的定义是：

$$t = T - 273.15$$

根据新定义，热力学温标与摄氏温标的分度值相同，二者之间只差一个常数，故温度差既可用 T 表示，也可用 t 表示。

温度计

用于测量温度的物质都具有某些与温度密切相关而又能严格复现的物理性质，诸如体积、压力、电阻、热电势及辐射波等等。利用这些特性就可以制成各种类型的测温仪器——温度计。

1. 汞温度计

汞温度计是实验室最常用的测温仪器。它是以液态汞作为测温物质的。它的优点是使用简便，准确度也较高，测温范围可以从−35℃到+600℃（测高温的温度计毛细管中充有高压惰性气体，以防汞气化）。但汞温度计的缺点是其读数易受许多因素的影响而引起误差，在精确测量中必须加以校正。有关的主要校正项目有：

（1）示值校正：温度计的刻度常是按定点（水的冰点及正常沸点）将毛细管等分刻度，但由于毛细管直径的不均匀及汞和玻璃的膨胀系数的非严格线性关系，因而读数不完全与国际温标一致。对标准温度计或精密温度计，可以由制造厂或国家计量管理机构进行校正，给予检定证书，附有每 5℃或 10℃的校正值。这种检定的手续比较复杂，要求比较严格。在一般实验室中对于没有检定证书的温度计，可把它与另一支同量程的标准温度计同置于恒温槽中，在露出度数相同时进行比较，得出相应校正值。其余没有检定到的温度示值可由相邻两个检定点的校正值线性内插而得。如果作成如图 3-1 所示的校正曲线，使用起来就比较方便，这时：

校正值=标准值−读数值

故　　　　　　　　　　　标准值=读数值+校正值

例如，具有如图 3-1 所示这种校正曲线的温度计，其 35℃读数的实际温度等于（35.00+0.03）℃ ＝35.03℃。

（2）零点校正（冰点校正）：因为玻璃是一种过冷液体，属热力学不稳定体系，体积随时间有所改变，另一方面，当玻璃受到暂时加热后，玻璃球不能立即回到原来体积，这些因素都会引起零点的改变。标准温度计和精密温度计都附有零点标记。因为零点的检验简单而准确，对于要求不太高的温度计可每两月或半月检定一次，要求高时（如标准温度计）则每次测定完后都应检定零点，这样才能把加热引起的暂时变化考虑在内。对不超过 400℃的温度计，可认为零点位置的改变会引起温度计所有示值的位置都有相同的改变。例如温度计原检定证书上注明的零点位置是 –0.02℃，而现在测得零点位置是 +0.03℃，这说明零点位置已升高了[0.03–（–0.02）]℃ = 0.05℃，所以温度计的读数也相应增加了 0.05℃，这时，应从读数中减去 0.05℃才能得到正确温度。因此考虑了零点改变后的示值校正应按下式计算：

校正值 = 原证书上的校正值+（证书上的零点位置－新测得的零点位置）

如果零点位置未变，则直接用原证书上校正值就行了。

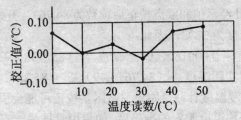

图 3-1　汞温度计示值校正曲线

如图 3-2（a）所示是由一个夹层玻璃容器做成的冰点器，空气夹套起绝热作用，以免冰很快融化，融化的冰水从底部小管排出。容器中水面比冰面稍低，冰粒必须很细，应很好地围绕温度计，注意冰水混合物中不应含有空气泡。也可用如图 3-2（b）所示的保温瓶作冰点器，用虹吸管排出水。此外，可用一大漏斗下接橡皮管做成简单冰点器（如图 3-2（c）所示）。要求准确度高时，需用蒸馏水凝成的冰。一般可从冰厂购得的冰中选出洁白的冰块，用蒸馏水洗净，并注意粉碎时不要引入杂质，用预冷的蒸馏水淹没冰层，用清洁木片搅拌压紧，从橡皮管把水放出至上层变白为止。将已经预冷的温度计垂直插入冰点器，零点标线露出冰面不超过 5mm。温度计插入后不得任意提起，以免底部形成孔隙。等待 10～15min 后，每 1～2min 读数一次，读数稳定后，以连续三次读数的平均值作为零点测定值。

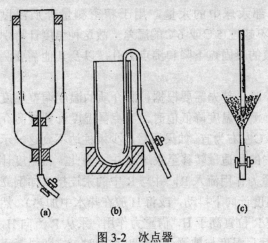

图 3-2　冰点器

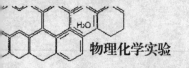

　　(3) 露茎校正：根据插入深度不同，汞温度计分为"全浸式"和"非全浸式"两类。对全浸式温度计，使用时要求将汞柱浸入被测介质中，仅露出供读数的一小段汞柱（一般不超过 10mm）。但在不少场合，这是不方便的。如果只将汞球及一部分汞柱浸入被测介质中而让部分汞柱露出介质，则读数准确性将受到两方面的影响：第一是露出部分的汞和玻璃的温度不同于浸入部分，且随环境温度而改变，因而其膨胀情况便不同；第二是露出部分长短不同受到的影响也不同。为了保证示值的准确，只得对露出部分引起的误差设法进行校正，露茎校正公式是：

$$露茎校正值 = K \times n\,(t - t_s)$$

式中：K——测温物质在玻璃中的视膨胀系数，对汞温度计为 $0.00016K^{-1}$，对多数有机液体温度计为 $0.001K^{-1}$；n——露出部分的温度度数；t——被测介质温度；t_s——露出汞柱的平均温度，由辅助温度计测定。

　　例 1　设某一汞温度计经示值和零点校正后读数为 84.76℃，开始露出的温度示值为 20℃，测得露出部分汞柱平均温度为 38℃，因此：

　　　　露茎校正值 $= 0.00016 \times（85-20）\times（85-38）$℃ $= +0.49$℃

　　故　　　　　　　实际温度 $=（84.76+0.49）$℃ $= 85.25$℃

　　由此可见，当使用全浸温度计时，如果忽略露茎校正可能会引起较大误差。露茎校正的准确度主要取决于露茎平均温度测定的准确度。如果用悬挂另一支温度计靠近露出汞柱中部来测其平均温度，可能使测定误差达到 10℃。这时上例中校正值误差就将达到 $0.00016 \times 65 \times 10$℃ $= 0.12$℃。如果将辅助温度计汞球贴近露出汞柱中部，再用锡箔小条将二者包裹在一起，可使测定误差小于 5℃。

　　为避免露茎校正的麻烦，在要求准确度不很高时，也可采用非全浸式温度计。如果按说明书在指定的浸入深度和环境温度下使用，也可得到较准确的结果。

　　2. 贝克曼温度计

　　贝克曼温度计是一种特殊的汞温度计。它的最小刻度是 0.01℃，可以估读到 0.002℃。整个温度计的刻度范围一般是 5℃ 或 6℃，可借顶部贮汞槽调节底部汞球中的汞量，用于精密测量介质温度 −20℃～+155℃ 范围内不超过 5℃ 或 6℃ 的温差，故这种温度计特别适用于量热、测定溶液的凝固点下降和沸点上升，以及其他需要测量微小温差的场合。

　　使用贝克曼温度计时，首先需要根据被测介质的温度调整温度计汞球的汞量。例如，测量温度降低值时，贝克曼温度计置被测介质中的初始读数应是 4℃ 左右为宜。如果汞量过少汞柱达不到这一示值，则需将贮汞槽 R 中的汞适量转移至汞球 H 中。为此，将温度计倒置，使 H 中的汞借重力作用流入 R，并与 R 中的汞连接（如倒立时汞不下流，可以将温度计向下抖动，或将 H 放在热水中加热）。然后慢慢倒转温度计，使 R 位置高于 H，借重力作用，汞从 R 流向 H，到 R 处的汞面对应的标尺温度与被测介质温度相当时，立即抖断汞

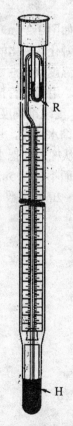

图 3-3　贝克曼温度计

柱，其办法是右手持温度计约 1/2 处，轻轻将 R 部位在左手拇指与食指之间凹处敲打，使汞在顶部毛细管端断开。然后将温度计汞球置被测介质中，看温度计示值是否恰当，如汞还少，则再按上法调整；如汞过多，则需从 H 中赶出一部分汞至 R 中。

如果要测定温度升高值，则需将温度计在被测介质中的初始示值调整到 1℃ 附近。

使用放大镜可以提高读数精度，这时必须保持镜面与汞柱平行，并使汞柱中汞弯月面处于放大镜中心，观察者的眼睛必须保持正确的高度使读数处的标线看起来是直线。当测量精确度要求高时，对贝克曼温度计也要进行校正。

市场上已有精密测量体系温差的电子温差测量仪商品，如 SWC—Ⅱ型精密数字温度 / 温差仪，它不仅可以代替贝克曼温度计测量体系的温差，还具有可调报时功能。当一个计时周期完毕时，蜂鸣器将鸣叫且能将最后一个温度读数保持约 5s，有利于观察和记录数据，适用于燃烧热测定等量热实验。但这种温度计还需要通过标准铂电阻温度计或贝克曼温度计进行校正。

3. 热电偶

将两种金属导线首尾相接（如图 3-4（a）所示），保持一个接点（冷端）的温度不变，改变另一个接点（热端）的温度，则在线路里会产生相应的热电势。这一热电势只与热端的温度有关，而与导线的长短、粗细和导线本身的温度分布无关。因此，保持一个冷端的温度不变时，只要知道热端温度与热电势的依赖关系，测得热电势后即可求出热端温度，这是热电偶温度计测温的原理。

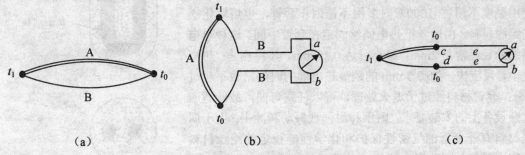

图 3-4　热电偶回路

为了测定热电势，需使导线与测量仪表连成回路。在图 3-4（b）中将作为电偶的导线 B 接于毫伏表的 a，b 端形成回路。如果 t_0 保持不变，a，b 接点温度一致（中间由仪表动圈的铜导线连接），则仪表导线的引入对整个线路的热电势不起影响。再如按如图 3-4（c）所示的接法，保持 c，d 接点温度于 t_0 不变，用导线 e 与仪表 a，b 端连接。只要保持 a，b 端温度相同，则整个线路热电势亦只取决于 t_1 的温度。

（1）热电偶的分类

热电偶测量温度的适用范围很广，而且容易实现远距离测量、自动记录和自动控制，因而在科学实验和工业生产中获得了广泛应用。热电偶的种类比较多，下面介绍常用的几种。

①铂—铂铑热电偶：通常由直径 0.5 mm 的纯铂丝和铂铑（铂 10%，铑 90%）丝作成。分度号以 S（旧为 LB—3）表示。它可在 1300℃ 以内长期使用，短期可测 1600℃。这种热电偶的稳定性和重现性均很好，因此可用于精密测温和作为基准热电偶。缺点是价贵，低温区热电势太小，不适于在高温还原气氛中使用。

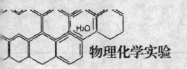

②镍铬—镍硅（铝）热电偶：由镍铬（镍 90%，铬 10%）和镍硅（镍 95%，硅、铝、锰 5%）丝作成。分度号以 K（旧为 EU—2）表示。可在氧化性和中性介质中 900℃ 以内长期使用，短期可测 1200℃。这种热电偶容易制作，热电势大，线性好，价格便宜，测量精度虽然较低，但能满足一般要求，故是最常用的一种热电偶。目前我国已开始用镍硅材料代替镍铝合金，使其在抗氧化和热电势稳定性方面都有所提高。由于两种热电偶的热电性质几乎完全一致，故可互相代用（镍铬—镍硅（铝）热电偶的电动势与温度的关系见附表 3-19）。

③镍铬—考铜热电偶：由上述镍铬与考铜（铜 56%，镍 44%）丝作成。可在还原性和中性介质中 600℃ 以内长期使用，短期可测 800℃。

④铜—康铜热电偶：由铜和康铜（铜 60%，镍 40%）丝作成。分度号以 T 表示。特点是热电势大，价钱便宜，实验室中易于制作。但其再现性不佳，只能在低于 350℃ 时使用。

随着生产和科学技术的发展，对热电偶提出了适用范围广、使用寿命长、稳定性高、小型化和反应迅速等要求。我国已能生产在保护介质中用到 2800℃ 的钨铼超高温热电偶；测低温达 –271℃ 的金铁—镍铬低温热电偶；快速反应的薄膜热电偶；从室温到 2000℃ 的各种套管（铠装）热电偶等。

⑤铠装热电偶

为解决对热电偶小型化、寿命长和结构牢固的要求，在 20 世纪 60 年代发展了一种由金属套管、陶瓷绝缘粉和热电偶丝三者组合加工而成的铠装热电偶（如图 3-5 所示）。当使用温度不超过 1000℃ 时多用不锈钢作套管，电熔氧化镁作绝缘材料，由后者把热电偶丝固定在套管中间。这种热电偶的外径通常是 2mm，最小可达 0.25 mm。其特点是：热惯性小，反应快，如 $\phi 2.5$ mm 的铠装热电偶的时间常数不超过 1.5s；套管材料经过了退火处理，可以任意弯曲，故能适应复杂设备上的安装要求；耐压和耐强烈振动和冲击；由于偶丝材料有外套管的气密性保护和化学性能稳定的绝缘材料的牢固覆盖，因此寿命较长。

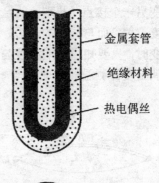

图 3-5　铠装热电偶结构

铠装热电偶的内阻较大，经常会超过旧式的 XC 系列动圈仪表所规定的外接电阻 15Ω。因此这种热电偶最好是与电子电位差计或数字电压表配用。20 世纪 80 年代市场上出现的改进型 XF 系列动圈表，其输入阻抗高，外线路电阻不影响测温精度，可与铠装电偶配套使用。

（2）热电偶的使用

①热电偶保护管

为了避免热电偶遭受被测介质的侵蚀和便于热电偶的安装，使用保护管是必要的。根据测温要求，可用石英、刚玉、耐火陶瓷作保护管。低于 600℃ 可用硬质玻管。在实验工作中有时为了提高测温和控温的反应速度，在对热电偶损害不大的气氛中短期使用，可以不用保护管。但这时应经常进行校正工作，才能保证结果可靠。

②冷端补偿

表明热电偶的电动势与温度关系的数据表，是在冷端温度保持 0℃ 时得到的。因此在使用时也最好能保持这种条件，即直接把热电偶冷端，或用补偿导线把冷端延引出来，放在冰水浴中。如果没有冰水，则应使冷端处于较恒定的室温，在确定温度时，将测得的热电势加上 0℃到室温的热电势（室温高于 0℃时），然后查数据表。如果用直读式高温表，则应把指针零位拨到相当于室温的位置。热电偶冷端温度波动引起的热电势变化也可用补偿电桥法来补偿。市售的冷端补偿器有按冷端是 0℃或 20℃两种设计的。购买时要说明配用的热电偶。如果热电偶长度不够，也需用补偿导线与补偿器连接。使用补偿导线时，切勿用错型号或把正负极接错。

③温度的测量

要使热端温度与被测介质温度完全一致，首先要求有良好的热接触，使二者很快建立热平衡；其次要求热端不向介质以外传递热量，以免热端与介质永远达不到热平衡。

例如，当用热电偶测量管道中流动气体的温度时，由于管内气体和热端温度较管壁为高，热端将不断向管壁辐射热量；同时热电偶和保护管将从温度较高的热端向温度较低的冷端传导热量。与此同时，气体不断以对流和传导的方式向热电偶补偿其损失的热量，一直达到动态平衡。由于这种传热过程的存在，气体和热端之间就存在一定温差。为了减少这一温差，可采取如下措施：增大气体流速，即把热电偶装在流速最大的地方或装有喉管处，并把热端露出，以增大气体与热端的热交换速度；为减少辐射损失，可在热端部位装表面光滑的防辐射罩，并将此部分管段包上良好的绝热层，以减小管壁和热端间的温差；为减少传导损失，应增加热电偶插入深度，例如从直角弯管处平行插入管中。

还需指出，热电偶只能测得热端所在处的温度，当被测介质温度分布不均时，要用多支热电偶去测定各区域的温度，例如固定床催化剂层就是如此。

（3）热电偶的校正

通常采用比较校正法，即将被测热电偶与标准热电偶的热端露出，用铂丝捆在一起置于管式电炉中心位置，或放于管中心的金属块里。冷端则置冰水浴中。再用切换开关使两电偶与同一电位差计相连。控制电炉缓慢升温，每隔 50℃～100℃读取一次热电势值。如果用两台电位差计由两人同时读数，则对温度恒定的要求可放宽些；如果只用一台电位差计，或两电偶粗细不同，则对温度恒定的要求就较严格。校正结果可做成热电势与温度的关系曲线，以便应用。热电偶校正装置如图 3-6 所示。

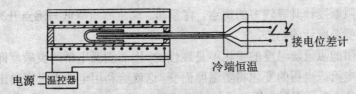

接电位差计

冷端恒温

电源 温控器

图 3-6　热电偶校正装置示意图

当用指示仪表配合热电偶测温时，则可配套校正或分别校正。指示仪表的校正方法与校正毫伏计相同，即用电位差计检查其指示温度相应的毫伏读数是否与分度表规定相符。校正时需注意按仪表要求配置附加电阻。

4. 电阻温度计

（1）金属电阻温度计

铂丝的化学和物理稳定性很好，电阻随温度变化的再现性高，采用精密的测量技术可使测温的精度达到 0.001℃。因此国际温标规定铂电阻温度计作为 13.8033K～1234.93K 之间的

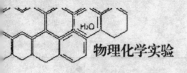

基准器。

铂电阻是用直径 0.03～0.07mm 的铂丝绕在云母、石英或陶瓷支架上做成的。0℃时的电阻是 10～100Ω，用金、银或镀银铜丝作引出线，放在导热良好的保护管中。可配合电桥或适当的仪表测量温度。

近来，0℃时电阻为 100Ω 的 Pt-100 铂电阻温度传感器得到了较广泛的应用。

除铂电阻外，在–50℃～150℃之间还广泛采用铜电阻温度计，在上述温度范围内，铜电阻值与温度的关系是线性的。缺点是铜的比电阻小，因而感温元件无法做得很小；其次是铜易于氧化，故测温范围受到限制。

（2）热敏电阻温度计及恒灵敏度测温电桥

热敏电阻是用 Fe，Ni，Mn，Mo，Ti，Mg，Cu 等金属氧化物为原料熔结而成，可以做成各种形状。实验工作者最感兴趣的是珠状。金属氧化物熔结成的小珠外表被一层玻璃膜保护，由两根很细的导线引出，外套玻璃保护管，如图 3-7 所示。热敏电阻温度计的优点是：①电阻系数大，约为–3%～–6%，例如从 20℃上升到 21℃，对电阻为 2000Ω，因此对热敏电阻温度计用一般电桥测量电阻变化即可达 0.001℃的灵敏度；②热敏电阻温度计的阻值大，因而由于导线和接点引起的阻值变化可以忽略，从而简化测量技术；③热敏电阻温度计构造简单，体积小，热惰性小，反应迅速。但热敏电阻温度计尚存在稳定性欠佳，产品制造误差大，因而互换性差等缺点。随着科学技术的进步，目前已不断取得改进，性能有明显的提高。

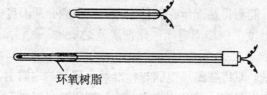

环氧树脂

图 3-7　热敏电阻温度计

使用热敏电阻温度计时应注意：①通过热敏电阻的电流应该很小，以免温度计产生自热，使热敏电阻本身温度高于介质，因此加强搅拌或增大流速以强化传热，对测温有利；②热敏电阻对强烈的光、压力变化、振动等较为敏感，故必须封闭牢固；③电阻与温度的关系很不稳定，对测温准确度要求高时，需要经常校正。

由于热敏电阻温度计具有较多的优点，在量热、测定冰点降低与沸点升高、测温滴定等方面有取代贝克曼温度计的趋势。

因为热敏电阻的阻值随温度的变化不是线性的，因而测温电桥的灵敏度即温度变化 1K，电桥不平衡输出电流或电压的变化将随温度而变。这就给利用电桥不平衡输出进行温差的测定带来极大的不便。Pitts 根据测温电桥线路分析设计出了恒灵敏度电桥，经实验检验，它在温差 15℃范围内能保持灵敏度不变。用贝克曼温度计检验，测定值与计算值相对误差小于 1%。

电桥线路如图 3-8 所示。随被测介质温度的升高，热敏电阻阻值将减小，其电阻随温度的变化率也减小，电桥灵敏度下降。为补偿灵敏度的下降，可以增大电源电压以提高电桥灵敏度。从图 3-8 可以看出，当热敏电阻 R 减小时，在电桥其他三个臂的电阻不变的条件下，必须增大 y 的阻值才能维持电桥平衡，这样一来就相应减小了它与电源串联的电阻，从而提高了电源电压，起到了补偿的作用。

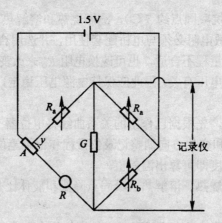

图 3-8　恒灵敏度测温电桥

根据分析，为达到补偿的目的，还必须按热敏电阻的温度特性选择电桥其他电阻的阻值，其步骤如下：

① 先将热敏电阻与标准汞温度计捆在一起同置超级恒温水浴中，在使用温度范围内定若干点，用直流电桥或精密数字万用表，测定电阻与温度的关系，并按关系式

$$R = ae^{b/T} \tag{3-1}$$

确定 a，b 常数。式中：T——热力学温度，单位为 K；R——电阻，单位为Ω。

② 设被测介质的最低、最高温度分别为 T_1 和 T_2，相应温度下热敏电阻的阻值是 R_1 和 R_2，则电位器 A 的阻值应是：

$$R_A = R_1 - R_2 \tag{3-2}$$

③ 选

$$R_b = R_1 \tag{3-3}$$

④ 根据

$$\frac{1}{R_a} = \frac{2}{(R_1 - R_2)} \left[\frac{R_1}{R_2} \left(\frac{T_2}{T_1} \right)^2 - 1 \right] - \frac{1}{R_1} \tag{3-4}$$

计算出 R_a 的值。式中：T_1，T_2——热力学温度，单位为 K。

这样便确定了电桥的全部电阻。所选阻值都用可变电阻或电位器调定。电位器 A 可选用带指针的多圈电位器，并把指针位置与被测介质温度的关系用曲线绘出备用。

⑤ 为了确定电桥灵敏度，还必须知道 $R = ae^{b/T}$ 中的 b 值，电桥电源电压 V，电阻 R_G（使用检流计时为检流计内阻，使用记录仪时可接 1kΩ电位器），再根据下式计算电桥灵敏度：

$$\frac{dI_G}{dT} = \frac{bVR_2}{2R_1 T_2^2 (2R_G + R_a + R_1)} \tag{3-5}$$

式中：$\dfrac{dI_G}{dT}$——温度变化 1K 时，检流计电流 I_G 的变化。当电桥输出接记录仪时，电压灵敏度是：

$$\frac{dI_G}{dT} \times R_G \tag{3-6}$$

设计电桥时，先应根据使用温度范围选用电桥各电阻值。例如：测定凝固点下降，使用

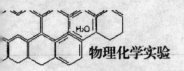

温度应是 5℃～20℃（环己烷凝固点约 7℃），测燃烧热和溶解热可选本地室温上下 15℃范围，例如：10℃～25℃。热敏电阻必须与电桥配套使用，并选用合适的记录仪量程来适应所测温差的要求。如遇记录仪量程不合适，也可改换电阻 R_G 来改变电桥电压灵敏度。

由于电桥灵敏度与电源电压有关，因此应保持电源电压稳定，如有变化应重新确定灵敏度。

当用记录仪记录温差时，先根据已作出的关系曲线将电位器 A 调到被测介质相应的温度，然后按待测温差的大小和变化方向调整记录仪量程和记录笔位置。从温度变化前后记录曲线的峰高和电桥电压灵敏度即可算出温差值。

这种测温电桥适用于燃烧热、溶解热、凝固点降低和液体比热容测定等实验。

5．氧蒸气压温度计

从制氧厂买回的液氮都是由空气分离而来，其中往往含有少量的氧，因而它在大气压下的沸点与纯液氮不同，故不能认为这种液氮的温度就是纯液氮在大气压下的沸点。

由于在液氮沸点附近温度每改变 1℃蒸气压就变化 80～90mmHg，因此在 BET 法测定固体比表面时，需要精确测定吸附管冷浴的液氮温度，才能准确地确定氮的饱和蒸气压。

虽然可以用气体温度计、热电偶或铂电阻温度计测定低温温度，但它们的校正和使用都比较麻烦，而氧蒸气压温度计在液氮沸点附近使用却是简单可靠，准确度高。

氧蒸气压温度计是由测定纯氧的饱和蒸气压来确定相应温度的简单装置。纯氧和纯液氮的蒸气压与温度的关系如表 3-1 所示。从表中可以看出，在液氮正常沸点（77.3K）下，氧的蒸气压为 154mmHg，在 78.3K 则为 178mmHg，温度变化 1℃，蒸气压改变 24mmHg，如测定蒸气压的准确度能达±2.4mmHg，就能使测温准确度达±0.1℃。

氧蒸气压温度计构造如图 3-9 所示。图中 c 为 U 型真空计，用于测液氮温度时，最多只需 500mm 高就够用了；b 为容积 10～15ml 的玻璃泡，测温时将其浸入待测液氮中，在这里有部分氧冷凝；a 为贮氧泡，容积为 100～150ml，有了它就可使 b 泡中形成足够的液态氧。使用时将 b 泡浸入待测液氮中，达平衡后，读出 c 的汞高差，即为氧的蒸气压力，从表中读出与此蒸气压相应的温度即为液氮温度，再从表中查出此温度下氮的饱和蒸气压力。

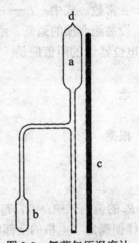

图 3-9　氧蒸气压温度计

氧蒸气压温度计的制造比较简单。用硬质玻璃按如图 3-9 所示的形式做好后，留 d 管不封口，将其水平放置，从 d 注入需要量的干净汞于 a 泡中。将 d 接真空泵，抽空到 1Pa，同时可将玻璃部分加热除气。然后慢慢使之倾斜，让汞充满 U 型管中。把仪器垂直装好，于 d 管接三通旋塞，使其分别接纯氧气源和真空泵。仪器先与真空泵接通，抽空后，使三通转向，让纯氧进入仪器。然后再抽空，再进纯氧，反复多次，最后装好纯氧，在内部压力略高于大气压下用火焰使 d 处玻管熔封。

纯氧可由高锰酸钾热分解而来，其详细制备方法可查阅有关书籍。

表 3-1　77K～84K　氮和氧的饱和蒸气压（mmHg）

温度/K		.0	.1	.2	.3	.4	.5	.6	.7	.8	.9
77	N_2	729.2	737.9	746.6	755.4	764.3	773.3	782.3	791.5	800.6	809.9
	O_2	147.98	150.20	152.30	154.46	156.75	159.05	161.37	163.86	166.25	168.69
78	N_2	819.3	828.8	838.4	347.9	857.6	867.5	377.3	887.2	897.1	907.2
	O_2	171.15	173.67	176.08	178.50	181.15	183.73	186.42	189.03	191.65	194.36
79	N_2	917.4	927.8	938.4	948.6	959.2	969.8	980.6	991.3	1002.2	1013.2
	O_2	197.10	199.85	202.67	205.45	208.32	211.30	214.12	217.07	220.05	223.07
80	N_2	1024.3	1035.4	1046.7	1058.2	1069.4	1080.8	1092.6	1104.3	1116.1	1127.9
	O_2	226.12	229.20	232.32	235.47	238.65	241.86	245.12	248.41	251.75	255.09
81	N_2	1139.9	1152.0	1164.1	1176.3	1188.8	1201.2	1212.7	1226.4	1229.1	1251.9
	O_2	258.48	261.91	265.38	272.43	276.00	279.62	283.30	286.93	290.67	
82	N_2	1264.9	1277.9	1291.0	1303.8	1317.5	1330.9	1344.5	1358.0	1371.7	1385.6
	O_2	294.44	298.24	302.07	305.98	309.87	313.84	317.84	321.88	325.96	330.07
83	N_2	1399.4	1413.5	1427.6	1441.8	1456.1	1470.6	1485.1	1499.7	1514.4	1529.2
	O_2	334.23	338.45	342.69	346.95	351.30	355.68	360.09	364.55	369.04	373.59
84	N_2	1544.2	1559.2	1574.4	1589.6	1605.0	1620.4	1636.0	1651.7	1667.4	1683.3
	O_2	378.18	382.81	387.52	392.21	396.98	401.79	406.65	411.55	416.49	421.50

注：蒸气压温度计测得的压力单位常是 mmHg。可按表列数据换算为 Pa。

温度控制

物质的物理性质和化学性质，如密度、黏度、蒸气压、折射率、化学反应平衡常数、化学反应速率常数等等都与温度密切相关。许多物理化学实验都必须在恒温下进行。

1．恒温槽

恒温槽是实验工作中常用的一种以液体为介质的恒温装置。用液体作介质的优点是热容量大和导热性好，从而使温度控制的稳定性和灵敏度大为提高。根据温度控制的范围，可采用下列液体介质：

-60℃～30℃——乙醇或乙醇水溶液；

0～90℃——水；

80℃～160℃——甘油或甘油水溶液；

70℃～20 ℃——液体石蜡、汽缸润滑油、硅油。

恒温槽通常由槽体、温度传感器、控温执行机构、加热器（或冷却器）、搅拌器和精密温度计组成，如图 3-10 所示。其控制温度的简单原理是：当所控温度高于室温时，温度传感器将命令控温执行机构使加热器加热（或增大加热功率）；当槽温升至指定温度时，则命令执行机构使加热器停止加热（或迅速减小加热功率）。由于加热器有热惯性，故槽温将在一微小区间内波动。

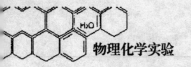
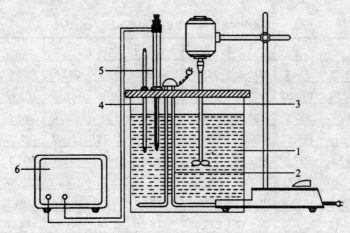

图 3-10　恒温槽组成图

1—槽体；2—加热器；3—搅拌器；4—温度计；5—温度传感器；6—控温执行机构

（1）槽体

如果控制的温度同室温相差不是太大，则用敞口大玻缸作为槽体是比较满意的。对于较高和较低温度，则应考虑保温问题。具有循环泵的超级恒温槽，有时仅作供给恒温液体之用，而实验则在另一工作槽中进行。

（2）加热器及冷却器

如果要求恒温的温度高于室温，则需不断向槽中供给热量以补偿其向四周散失的热量；如恒温的温度低于室温，则需不断从恒温槽取走热量，以抵偿环境向槽中的传热。在前一种情况下，通常采用电加热器间歇加热（或改变加热功率）来实现恒温控制。对电加热器的要求是热容量小，导热性好，功率适当。选择加热器的功率最好能使加热和停止加热的时间约各占一半。对低温恒温槽就需要选用适当的冷冻剂和液体工作介质。下面列出常用的几种：

能达到的温度	冷冻剂	液体工作介质
+5℃	冷水	水
−3℃	1 份食盐+3 份水	20%食盐溶液
−60℃	干冰	乙醇

通常是把冷冻剂装入蓄冷桶中，如图 3-11 所示（使用干冰时应加甲醇以利热传导），配合超级恒温槽使用。由超级恒温槽的循环泵送来的工作液体在夹层中被冷却后，再返回恒温槽进行温度的精密调节。如果不是在恒温槽中进行实验，则可按如图 3-12 所示的流程连接。根据所需冷量的大小，可利用旁路活门 D 调节通向蓄冷桶的流量。

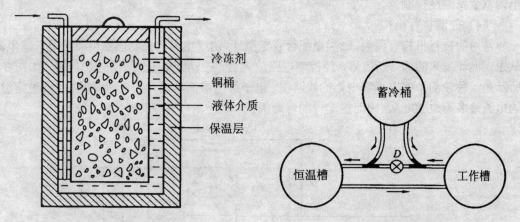

图 3-11　蓄冷桶　　　　　　　　　图 3-12　低温恒温循环

如果实验室有现成的致冷设备，可将其冷冻剂通过恒温槽的冷却盘管，或使工作液体通过浸于冷冻剂中的冷却盘管来达到降温目的。

当控制温度不低于 5℃时，最简单的办法是在恒温槽中装一个盛冰块的多孔圆筒，并经常向其中补加冰块作为冷源，再由恒温槽进行温度的精密调节。

为了节省冷冻剂，过冷的工作液体回到恒温槽作温度精密调节时，加热器加热时间不应太长，一般控制加热和停止加热的时间比例在 1:（10~20）之间（例如每隔 60 s 加热 4 s）。

（3）温度传感器

比较简单、使用较普遍的是汞定温计（如图 3-13 所示）。它与汞温度计的不同之处在于毛细管中悬有一根可上下移动的钨丝。从汞球也引出一根金属丝，两根金属丝再与控温执行机构连接。

在定温计上部装有一根可随管外永久磁铁旋转而转动的螺杆 6，螺杆上有一指示铁（螺帽）4 与钨丝 5 相连，当螺杆转动时，螺帽上下移动，即能带动钨丝上升或下降。

由于汞定温计的分度较粗，故只能作为温度传感器，而不能作为温度的指示器。恒温槽的温度另由精密温度计指示。调节温度时，先转动调节帽 1，使指示铁上端与辅助温度标尺相切的温度示值较希望控制的温度低 1℃~2℃。

当加热至汞柱与钨丝接触时，定温计导线成通路，给出停止加热的信号（可从执行机构的指示灯加以辨别）。这时观察槽中的精密温度计，根据其与控制温度差值的大小进一步调节钨丝尖端的位置。反复进行，直到指定温度为止。最后将调节帽上的固定螺丝 2 旋紧，使之不再转动。

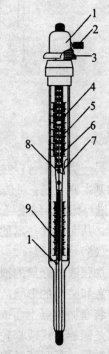

图 3-13　汞定温计

1—调节帽；2—固定螺丝；3—磁钢；4—指示铁；5—钨丝；6—调节螺杆；7—铂丝接点；8—铂弹簧；9—汞柱；

汞定温计的控温灵敏度通常是 ±0.1℃，最高可以达到 ±0.05℃，已能满足一般实验的要求。当要求更高的控温精度时，可自己安装汞—甲苯球。对于要求不高的水浴锅则可用更简

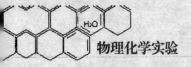
单的双金属温度控制器。

（4）控温执行机构

常用的执行机构有两类，一类是配合汞定温计，由继电器和控制电路组成的电子继电器。从汞定温计发来的通、断信号，经控制电路放大后，推动继电器去开、停加热器。如图 3-14 所示是一种较简单的电子继电器的线路图。电子继电器控制温计的灵敏度很高。通过定温计的电流最多不过 30μA，因而定温计的寿命很长。

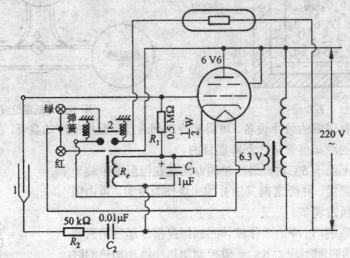

图 3-14 电子继电器线路图

Re—220V，直流电阻约 2.2kΩ 的电磁继电器；

1—汞定温计；2—衔铁；3—电加热器

另一类是配合以热敏电阻（包括铂电阻、集成温度传感器等）为温度传感器的电子线路。它的基本原理是：对传感器电阻输出的信号与标准信号（由要求的恒温温度设定的电阻来确定）进行比较，结果经电子放大器放大，使双向可控硅的导通角根据偏差信号的大小增大或减小，从而使加热器的功率随之相应地减小或增大，进而达到自动控温的目的。

（5）搅拌器

加强液体介质的搅拌，对保证恒温槽温度均匀起着非常重要的作用。搅拌器的功率，安装位置和桨叶的形状，对搅拌效果有很大影响。恒温槽愈大，搅拌功率也该相应增大。搅拌器应装在加热器上面或与加热器靠近，使加热后的液体及时混合均匀再流至恒温区。搅拌桨叶应是螺旋桨式或涡轮式，且有适当的片数、直径和面积，以使液体在恒温槽中循环。为了加强循环，有时还需要装导流装置。在超级恒温槽中用循环泵代替搅拌，效果仍然很好。

设计一个优良的恒温槽应满足的基本条件是：①温度传感器灵敏度高；②搅拌强烈而均匀；③加热器导热良好而且功率适当；④搅拌器、定温计和加热器相互接近，使被加热的液体能立即搅拌均匀并流经温度传感器及时进行温度控制。

2．电炉温度控制

20 世纪中后期，高温电炉常用热电偶作为温度传感器，动圈式温度指示调节仪为执行机构对高温电炉的加热元件进行通、断二位置控制，以维持电炉温度的恒定。由于高温电炉的热惰性较大，因此这种方式的控温品质较差（即温度波动较大），不能适应近代物理化学实验，特别是科学研究中对温度控制的要求。

随着电子技术的飞速发展，目前高温电炉的温度控制则采用铂电阻或热电偶作为温度传感器，配合适当的电子线路，或启、闭继电器或改变可控硅的导通角以比例、积分和微分（简称 PID）方式控制高温电炉的温度，并经 A/D 转换器在显示屏上以数字的方式显示出设定温度或电炉温度。这种控温方式的精度已能满足目前多数实验的要求。

所谓 PID 控制，是指在过渡时间（被控体系受到扰动后恢复到设定值所需时间）内能按偏差信号的变化规律，自动地调节通过加热器的电流，故又称自动调流。当偏差信号一开始很大时，加热电流也很大；当偏差信号逐渐变小时，加热电流会按比例相应地降低，这就是所渭比例调节规律，它有效地克服了二位控制引起的温度波动。当被控体系温度达设定值时，偏差为零，加热电流也将为零，就不能补偿体系向环境的热耗散，体系温度必然下降。因此需在此基础上加上积分调节规律。当过渡时间将近结束时，尽管偏差信号极小，但因其在前期有偏差信号的积累，故仍会产生一个足够大的加热电流，保持体系与环境间的热平衡。如在比例、积分调节的基础上再加上微分调节规律，那么，在过渡时间一开始就能输出一个较比例调节大得多的加热电流，使体系温度迅速回升，缩短过渡时间，这种加热电流具有按微分指数曲线降低的规律，随着时间的增长，加热电流会逐渐降低，控制过程随即从微分调节过渡到比例、积分调节规律。加上微分调节后，能有效地控制热惰性大的体系。

目前国内已有不少类型的控温仪器生产，但在实验室中也可根据需要购买必要的仪表和元件自己组装。

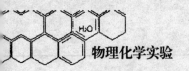
附录二　气压计和负压传感器

由于教学实验常在当地大气压下进行,且许多测压仪表都是通过测量被测压力与大气压力的差值来确定被测压力大小的,因此大气压力的测量是很重要的。有规定为:温度为 0℃、纬度 45°的海平面处与 760mmHg 相平衡的大气压为标准大气压,其值为 101 325 Pa(即 760 mmHg)。

气压计

1. 气压计的构造和使用

实验室常用福廷式气压计来测量大气压。它的构造如图 3-15 所示

福廷式气压计的主要部分为一盛汞的玻璃管倒置于汞槽中,玻璃管顶部为真空。汞槽底部由一羚羊皮袋封住,可以借调整下部的螺丝使羚羊皮上下移动,从而调整下部槽中的汞面,使之刚好与固定在槽顶的象牙针尖接触,这个面就是测定汞柱高的基准面。盛汞玻璃管装于具有刻度的黄铜外管中,黄铜管上部的读数部分,相对两边开有槽缝,通过槽缝可观察玻璃管中的汞面。在相对的槽缝中装有可上下滑动的游标。气压计必须垂直安装,如果偏离垂直位置 1°,则对 760mm 来说就会造成 0.1mm 的误差。读取气压计读数时可按下列步骤进行:

(1)读出附于气压计上的温度读数;

(2)调整气压计底部螺丝,使汞面与象牙针刚好接触;

(3)调整控制游标上下移动的螺丝,将其上升到较汞面略高,然后缓慢下降,直到用内眼看游标前边缘、后边缘与汞弯月面三者均在一平面上(刚好相切),按游标尺零点对准的下面一个刻度读出压力的整数部分,再按游标尺与刻度尺重合得最好的一条线,从游标尺上读出压力的小数部分。

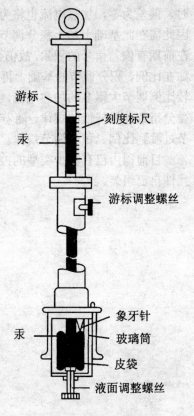

图 3-15　福廷氏气压计

2. 气压计的读数校正

通常测量大气压的条件与标准大气压规定的条件不符,故由气压计测得的数值除应校正仪器误差外,还需经过多项校正后,才能得到正确的结果。

(1)仪器的校正值

这是由于压力计构造上的缺陷或长期使用后汞中溶解微量空气渗入真空部分所引起的。当与标准气压计相比较之后,即可得到这项校正值,这项校正值常附于仪器的检定证书中。

(2)温度的校正

温度会影响汞的密度及黄铜刻度标尺的长度,考虑了这两个因素之后,得到下列校正公式:

$$p_0 = p_t - \frac{p_t(\beta - \alpha)t}{(1 + \beta t)}$$

式中：p_0——将汞柱校正到0℃时的读数；p_t——在温度t时的读数；α——黄铜的线膨胀系数，1.84×10^{-5}℃$^{-1}$；β——汞的体膨胀系数，1.818×10^{-4}℃$^{-1}$；t——读数时的温度，℃。

将膨胀系数值代入上式经过化简可得到下列校正式：

$$p_0 = p_{\text{大}}(1 - 0.000163t/℃) \tag{3-7}$$

可按上式作出各温度下的校正表或校正曲线放在气压计旁，使用起来就比较方便。应该指出，气压计上的温度计在精密测量中也要经过校正，如果这个温度偏差1℃，则气压计读数对101325Pa来说就会相差16Pa。

（3）重力加速度g的校正

在海平面，纬度45°的重力加速度是$9.80665 \text{m} \cdot \text{s}^{-2}$，当纬度及海拔高度改变时，$g$值也有所改变。因此需要把在各地区的重力加速度下测得的大气压换算成在标准重力加速度$9.80665 \text{m} \cdot \text{s}^{-2}$下的大气压，校正公式如下：

$$p_0' = p_0(1 - 2.6 \times 10^{-3} \cos 2L - 3.14 \times 10^{-7} \times H/m) \tag{3-8}$$

式中：p_0'——经重力加速度校正后的大气压读数；L——当地纬度；H——海拔高度，m。

（4）高度差的校正

即气压计下部汞面与实验进行的所在地存在高度差所引起。通常在地球表面的10m空气柱大致相当于120Pa，即每高于地面10m，气压应减少120Pa。

例1　在成都地区（约北纬31°，海拔高500m）用福廷式气压计（带黄铜标尺）读出大气压为95.525kPa，这时气压计上的温度计读数为22℃，试求校正后的正确大气压。

仪器校正值（检定证书注明）：+0.013kPa。

温度校正值（按式（3-7）计算）：–0.343kPa。

经这两项校正后，大气压为95.195kPa。

再经纬度和海拔高度校正（按式（3-8）计算）后，大气压为95.041kPa。

为使用方便起见，对于一个已安装好的气压计可把仪器校正、纬度校正、海拔校正合并成一个校正值。在要求不高的场合下，也可以只作温度校正。

最后，值得提醒的是，在实验室中若用玻璃U型汞压计测量压差时，也应进行读数校正。特别是当大气压读数已经校正，再用汞压差计读数与大气压相加减来测定设备内部压力时更不能忽略这项校正。为简便起见，对玻璃管U型汞压计可只作汞的体膨胀校正，这时

$$p_0 = \frac{p_t}{(1 + 0.00018t/℃)}$$

式中：p_0——校正到0℃时的读数；p_t——温度为t时的读数；t——汞压差计所在地的温度，℃；0.00018/℃——汞的体膨胀系数。

负压传感器

实验室经常用U型汞压计测定从真空到大气压这一区间的压力。虽然这种方法很简单，但由于汞有毒及不便于远距离测量和自动记录，因而不是最好的方法。

负压传感器体积小、灵敏度高，输出电信号便于远距离测量、自动记录和自动控制，目前已获得广泛应用。下面介绍压阻式负压传感器的工作原理。

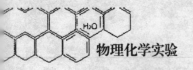

　　这种传感器是利用某些材料（如硅、锗等半导体）受外界压力作用时，将引起电阻率变化的原理制成的。它主要由四片压阻材料制成，阻值相同的应变电阻片粘贴于应变梁的两侧，构成一个惠斯登电桥。如图 3-16 所示是其电桥线路。在电桥的 A，B 端加上适当的电压（例如 6V）后，调整调零电位 R_x 使电桥平衡，这时传感器内的压力与大气压相等，压差为零。当接入负压系统后，负压产生的应力使应变梁发生形变，贴在应变梁上的应变片受力后，电阻值发生变化，电桥失去平衡，从 C，D 端输出一个与压差成正比的电压信号，可用数字电压表或电位差计测得。在实验室中用 U 型汞压计对传感器进行标定，得出输出信号与压差之间的比例常数 $k = \Delta p / V$。测量精度可达 ± 66 Pa 或 ± 0.5 mmHg。

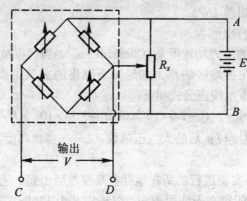

图 3-16　负压传感器电桥原理图

　　负压传感器可用于液体饱和蒸气压、环己烯气相热分解、BET 法测比表面等实验中，代替 U 型汞压计。

　　目前市场上提供的如 DPC—2 型数字式低真空测压仪就是根据上述原理制成的。但使用时应避免有害气体进入传感器。

附录三　真空技术

真空是指压力低于标准大气压的气态空间。在物理化学实验中常采用玻璃真空系统。这种小型的真空系统具有制作比较方便、使用时可以观察内部情况、耐腐蚀和便于检漏等优点。缺点是容易破碎，以及由于不能高温除气，一般难于达到 10^{-5} Pa 的真空。需要更高的真空和更大的系统，则需用金属制作。

真空的产生

用来产生真空的设备通称为真空泵。实验室常用的有机械泵和扩散泵。前者可获得 1～0.1Pa 真空，后者可获得优于 10^{-4} Pa 的真空。扩散泵要用机械泵作为前置泵。

常用的机械泵是旋片式油泵，如图 3-17 所示是这类泵的工作原理图。气体从真空系统吸入泵的入口，随偏心轮旋转的旋片使气体压缩，从出口排出。这种泵的效率主要取决于旋片与定子之间的严密程度。整个单元都浸在油中，以油作封闭液和滑润剂。实际使用的旋片式油泵常由上述两个单元串连而成。实验室常用"2x"系列机械泵的抽气速率为 1L/s，2L/s，4L/s。当入口压力低于 0.1Pa 时，其抽气速率急剧下降。

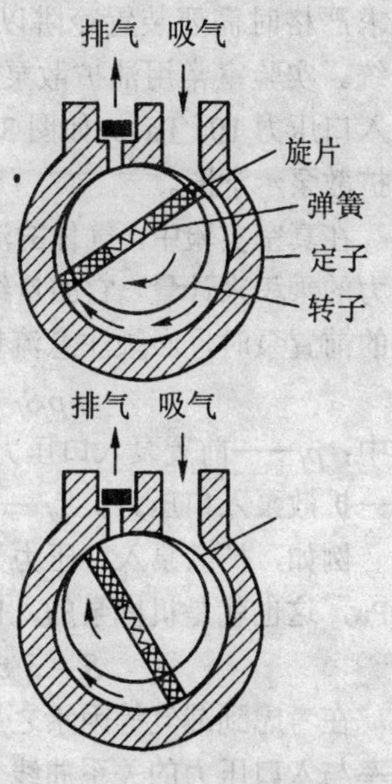

图 3-17　旋片式真空泵原理图

油扩散泵的工作原理如图 3-18 所示。从沸腾槽来的硅油蒸气通过喷嘴，按一定角度以很高的速度向下冲击，从真空系统扩散而来的气体或蒸气分子 B 不断受到高速油蒸气分子 A 的冲击，使之富集在下部区域，再被机械泵从这里抽走，而油分子则被冷凝流回沸腾槽。为了提高真空度，可以串接几级喷嘴，实验室通常使用三级油扩散泵。

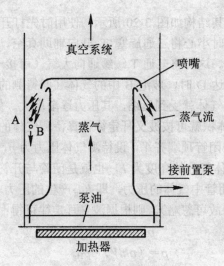

图 3-18　油扩散泵原理图

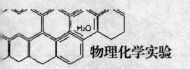

油扩散泵较之汞扩散泵具有下列优点：（1）无毒；（2）硅油的蒸气压较低（室温下小于 $10^{-5}Pa$），高于此压力使用时可不用冷阱；（3）油相对分子质量大，能使气体分子有效地加速，故抽气速率高。其缺点是在高温下有空气存在时硅油易分解和油分子可能玷污真空系统，故使用时必须在前置泵抽到1Pa时才能加热，要求严格时需要装置冷阱以防油分子反扩散而玷污真空系统。实验室常用油扩散泵的抽气速率是 $40\sim60L\cdot s^{-1}$（入口压力 $10^{-2}Pa$）。如图 3-19 所示是常用小型三级玻璃油扩散泵示意图。

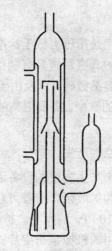

在真空实验中，气体的流量常用一定温度下的体积和压力的乘积来计量，它的量纲是：帕·升/秒。在选择扩散泵的前置泵时，必须注意流量的配合。其关系应是：

$$p_f S_f = p_d S_d$$

图 3-19　三级玻璃油扩散泵

式中：p_f——前置泵入口压力；S_f——前置泵抽气速率；p_d——扩散泵入口压力；S_d——扩散泵抽气速率。

例如，扩散泵入口压力为 $10^{-2}Pa$，其抽气速率为 $300L\cdot s^{-1}$，扩散泵排气口最大压力是10Pa，这也就是机械泵的入口压力，则机械泵的抽气速率至少应为：

$$S_f = S_d p_d / p_f = （300\times10^{-2}/10）L\cdot s^{-1} = 0.3L\cdot s^{-1}$$

在考虑到漏气等因素之后，机械泵能力需超过计算值两倍以上，然后从各种机械泵抽气速率与入口压力的关系曲线上找出入口压力为 10Pa 时的抽气速率，由此来选择机械泵。

真空的测量

真空测量实际上就是测量低压气体的压力，所用量具称为真空规。常用的有麦氏真空规、热偶真空规和电离真空规等。前者是绝对真空规，即可从直接测得的物理量计算出气体压力，后两者是相对真空规，需要用绝对真空规校准以后才能指示相应气压值。

1. 麦氏真空规

一般用硬质玻璃作成，其结构如图 3-20 所示。使用时先打开真空系统的旋塞 C，于是真空规中压力逐渐降低，同时小心将三通旋塞 T 开向辅助真空，不让汞槽中的汞上升，待稳定后，才可开始测量压力。这时将三通 T 缓缓通向大气（可接一毛细管以使进气缓慢），使汞槽中汞缓缓上升，当到达 D 时，玻泡 B 中的气体（即待测的低压气体）即和真空系统隔断。表面继续上升，B 中气体就受到压缩，其压力逐渐增大。如果知道玻泡 B 的体积和最后压在闭管 W 中的气体体积就可按波义耳定律计算待测气体的压力。为了简化计算，测量时使开管 R 的汞面刚好与闭管顶端齐平，设待测气体压力为 p，玻泡 B 的体积为 V，闭管截面积为 a，闭管中盛有气体部分的高度为 h，也就是闭管与开管汞柱的高度差 h_{Hg}。ah 为闭管中气体的体积，p_{Hg} 为闭管中气体的压力，即 h_{Hg} 产生的压力（因闭管 W 为毛细管，其体积远小于玻泡 B 的体积，故可忽略）。则根据波义耳定律可得：

$$pV = ah\cdot p_{Hg}$$

或

$$p = （ah/V）\cdot p_{Hg}$$

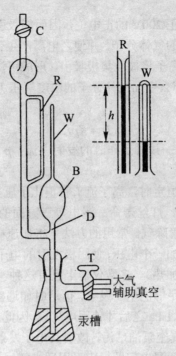

图 3-20　麦氏真空规

式中 a，V 均为常数，故可从上式算出压力。

麦氏真空规不能测定真空系统内蒸气的压力（因蒸气受压缩时要凝聚），进行测量时反应较慢，要花费较长时间，而且只能间歇操作，不能连续测定。另外，它与高真空连接处须装冷阱，否则汞蒸气会影响真空。麦氏真空规的测量范围是 $10 \sim 10^{-4}$Pa。

2. 热偶规

在真空容器中被加热的灯丝将通过传导、辐射、对流三种方式散失其热量。当灯丝温度和容器结构都一定时，传导和辐射两项热损失为常量，而对流热损失则与容器中的分子数及分子种类有关。容器中分子数愈多（压力愈高），则分子碰撞灯丝带走的热量愈多，灯丝的温度就愈低；相反，碰撞灯丝的分子数愈少（压力较低时），带走的热量愈少，灯丝的温度就愈高。上述规律只有在一定压力范围内才是正确的。当压力过高时，分子数太多，压力变化并不改变对流传热速度；压力过低，则分子数太少，对流散热比起辐射和传导要小得多，因此对灯丝温度影响也非常小。

真空容器中压力的变化是通过测定灯丝电阻或温度的变化来间接确定的。因此可用电桥测灯丝电阻（皮氏规）或直接用热电偶测其温度（热偶规如图 3-21 所示）。由于各种气体的导热性不同，故热偶规应对各种气体进行实际校正。这类真空规的适用压力范围是 $10 \sim 0.1$Pa。

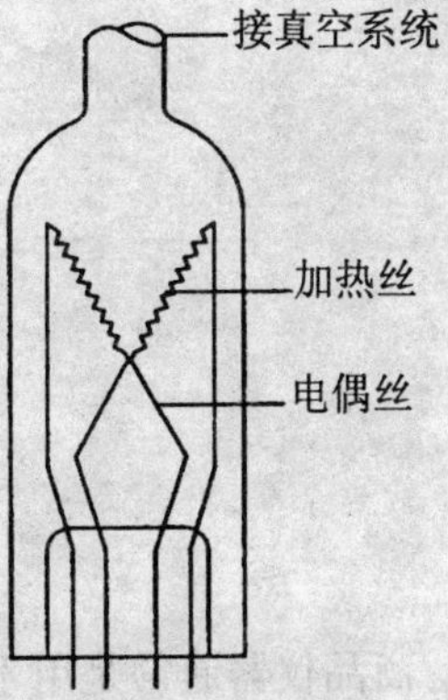

3. 电离真空规

电离真空规实际上就是一个三极管，具有阴极（灯丝）、栅极（加速极）和收集极（如图 3-22 所示）。使规管与真空系统相连接，阴极通电加热至高温，便会产生热电子发射。由

接真空系统

加热丝

电偶丝

图 3-21　热偶规

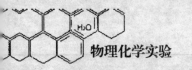

于在加速极上加有一个比阴极正 200V 的正电位，因而能吸引电子向加速极运动。这些电子在运动过程中将碰撞规管内部的气体分子，并使之电离产生带正电的离子和电子。由于收集极的电位较阴极负 25V，这些离子将被收集极吸引，形成可测量的离子流。如果电子的平均能量一定（发射电流一定），那么空间气体分子的浓度（压力）将与离子流的强度成线性关系。其关系式可用下式表示：

$$I_+ = KpI_e$$

式中：I_+——离子流强度；I_e——规管工作时的发射电流；p——规管内压力；K——规管常数或规管灵敏度。

由上式可知，当发射电流恒定时，离子流 I_+ 将正比于压力。

使用电离规时需注意除气、灯丝寿命、漏电等三方面的问题。当需要测量优于 10^{-3}Pa 的真空度时，需要使电极和规管除气。常用的方法是将加速极和收集极连接（在规管外部），再在它们与已加热的阴极之间加一个电压，使阴极发射的电子猛烈轰击加速极和收集极使之达到高温（可同时使规管外部加热）。多数仪器上已有这种"除气"旋钮，使用较简便。电离规的灯丝必须在高温下才有足够的电子发射，但这时如遇空气即易烧坏。为保护灯丝有较长的使用寿命，必须在压力达 0.1 Pa 之后才使用电离规，因此通常都用热偶规与之配合使用。另外，灯丝也易被各种蒸气、真空泵油玷污，改变其电子发射特性，因此安装冷阱也是必要的。在测量高真空时还必须注意漏电问题。应采用适当的屏蔽措施，防止外界磁场干扰。

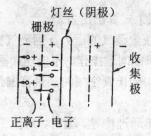

图 3-22　电离真空规

商品仪器通常是用干燥空气标定的，若测量对象不同，则应乘以相应的系数。

电离规适用的压力范围是 $0.1 \sim 10^{-6}$Pa。

对于实验用小型真空系统来说，使用一套热偶电离复合真空计就能满足全部真空测量的需要，这种仪器使用比较简便，可以免除汞害和使用麦氏真空规的麻烦。

真空系统的操作

1．真空泵的使用

如图 3-23 所示是常用的真空泵与真空系统的连接方式。这里机械泵既是真空系统的初抽泵，也是扩散泵的前置泵。初抽时活门 A，C 关闭，B 打开，直到压力达 $10\sim1\,Pa$ 时开 A，C，关 B，两泵同时工作达到高真空。

机械泵在停止工作前应先使进口接通大气，否则会发生真空泵油倒抽入真空系统的事故。启动扩散泵前要先用前置泵将扩散泵抽至初级真空，接通冷却水，逐步加热沸腾槽，直至油沸腾并正常回流为止。停止扩散泵工作时先关加热电源，至不再回流后关闭冷却水进口，再关扩散泵进出口旋塞。最后停止机械泵工作。油扩散泵中应防止空气进入（特别是在温度较高时），以免油被氧化。

2．冷阱

冷阱是在气体通道中设置的一种冷却式陷阱，能使可凝蒸气通过时冷凝成液体。通常在扩散泵和机械泵之间要装冷阱。以免有机物、水汽等进入机械泵，影响泵的工作性能。在扩散泵与待抽真空部分之间一般也要装冷阱，以捕集从扩散泵反扩散的油蒸气或汞蒸气，这样才能获得高真空。在使用麦氏真空规和汞压计的地方也应该用冷阱使汞蒸气不进入真空部分。

常用冷阱结构如图 3-24 所示。冷阱不能做得太小，以免增加系统阻力，降低抽气速率，同时应考虑冷阱便于拆卸清洗。冷阱外部套装有冷却剂的杜瓦瓶，常用冷却剂为液氮、干冰加丙酮等，而不宜使用液体空气，因它遇到有机物易发生爆炸。

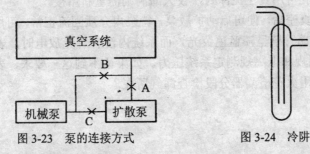

图 3-23　泵的连接方式　　　　　图 3-24　冷阱

3．管道与真空旋塞

管道的尺寸对抽气速率影响很大，所以管道应尽可能短而粗，尤其在靠近扩散泵处更应如此。真空旋塞是一种精细加工而成的玻璃旋塞，一般能在 $10^{-4}\,Pa$ 的真空下使用而不漏气。旋塞孔芯的孔径不能太小，旋塞的密封接触面应足够大。真空系统中应尽可能少用旋塞，以减少阻力和可能的漏气。对高真空来说，用空心旋塞较好，它质量轻，温度变化引起漏气的可能性较少。当然，正确涂敷真空酯也很重要。

4．真空涂敷材料

包括真空酯、真空泥、真空蜡等，它们在室温时的蒸气压都很小，一般在 $10^{-2}\sim10^{-4}\,Pa$ 之间。真空酯用在磨口接头和真空旋塞上；真空泥用来粘补小沙孔或小缝隙；真空蜡用来胶合不能熔合的接头，如玻璃-金属接头等。国产真空酯按使用温度不同又分不同序号。

5．检漏

检漏是安装真空系统的一项很麻烦但又很重要的工作，真空系统只要不漏气就算做完了

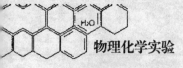

一半的工作。

系统中存在气体或蒸气，可能是从外界漏入或系统内部的物质所产生的。检漏主要是针对前一种来源，为杜绝后一种气体来源，需仔细做好系统的清洗工作，对吸附在系统内壁的气体或蒸气，需采用加热除气的办法来脱去。

对小型玻璃真空系统来说，使用高频火花真空检漏器检查漏气最为方便。由仪器产生的高频高压电，经放电簧放出高频火花，使用时将放电簧移近任何金属物体，调节仪器使其产生不少于三条火花，长度不短于 20 mm。火花正常后，可将放电簧对准真空系统的玻璃壁。此时如果真空度很高（优于 0.1 Pa）或很差（大于 10^3 Pa），则紫色火花不能穿越玻璃壁进入真空部分；若真空度中等时（几百 Pa 到 0.1 Pa），则紫色火花能穿过玻璃壁进入真空内部并产生辉光；当玻璃真空系统上有很小的沙眼漏孔时，由于大气穿过漏洞处的导电率比玻璃高得多，因此当放电簧移近漏洞时，会产生明亮的光点指向漏洞所在。

在启动真空泵之前，应转动一下旋塞，看是否正常。天气较冷时，需用热吹风使旋塞上的真空酯软化使之转动灵活。启动机械真空泵数分钟后，可将系统抽至 10～1Pa，这时用火花检漏器检查系统可以看到红色辉光放电。然后关闭机械泵与系统连接的旋塞，五分钟后再用火花检漏器检查，其放电现象应与前相同，否则表明系统漏气。漏气多发生在玻璃接合处、弯头或旋塞处。为了迅速找出漏气所在，常采用分段检查的方式进行，即关闭某些旋塞，把系统分为几个部分分别检查，确定某一部分漏气后，再仔细检查漏洞所在。火花检漏器的放电簧不能在某一地点停留过久，以免损伤玻璃。玻璃系统的铁夹附近或金属真空系统不能用火花检漏器检漏。

查出的个别小沙孔可用真空泥涂封，较大漏洞则需重新熔接。

系统能维持初级真空后，便可启动扩散泵，待泵内介质回流正常，可用火花检漏器重新检查系统，当看到玻璃管壁呈淡蓝色荧光，而系统内没有辉光放电时，表明真空度已优于0.1Pa，这时可用热偶规和电离规测定系统压力。如果达不到这一要求，表明系统还有微小漏气处。此时同样可用火花检漏器分段检查漏气所在。

附录四　pH（酸度）计

根据定义，溶液的 pH 等于氢离子活度的负对数。鉴于还没有严格的实验方法来测定单独离子的活度，国际纯粹化学和应用化学联合会（IUPAC）提出了由下述工作定义来代替上述的理论定义。

测量由溶液 X 组成的下列电池的电动势 E_X：

参比电极|KCl（aq，$b>3.5\text{mol} \cdot \text{kg}^{-1}$）||溶液 X|$H_2$（g）|$P_t$

在相同温度下，再测量用标准 pH（S）的溶液 S 替换未知 pH（X）的溶液 X 后的电池电动势 E_S。于是未知的 pH 即可由下式求得：

$$pH（X）= pH（S）+（E_S - E_X）F/（RT\ln 10）$$

这样一来，只要知道一种标准溶液的 pH，就可确定出任一溶液的 pH 了。国际上采用浓度准确等于 $0.05\text{mol} \cdot \text{kg}^{-1}$ 的邻苯二甲酸氢钾溶液作为 pH 的参考标准，在 25℃时，其 pH 为 4.005。而通常用作 pH 基准点的有三种标准溶液，如表 3-2 所示。

表 3-2　用作 pH 基准点的三种标准溶液

温度/（℃）	$0.05\text{mol} \cdot \text{kg}^{-1}$ 邻苯二钾酸氢钾溶液的 pH	$0.025\text{mol} \cdot \text{kg}^{-1}$ 混合磷酸盐溶液的 pH	$0.01\text{mol} \cdot \text{kg}^{-1}$ 四硼酸钠溶液的 pH
5	4.00	6.95	9.39
10	4.00	6.92	9.33
15	4.00	6.90	9.28
20	4.00	6.88	9.23
25	4.00	6.86	9.18
30	4.01	6.85	9.14
35	4.02	6.84	9.11
40	4.03	6.84	9.07
45	4.04	6.84	9.04
50	4.06	6.83	9.03
55	4.07	6.83	8.99
60	4.09	6.84	8.97

实用中总是用玻璃电极代替氢电极的。这时待测电池为：

参比电极|KCl（aq，$b>3.5\text{mol} \cdot \text{kg}^{-1}$）||溶液 X|玻璃|$H^+$，$Cl^-$|AgCl|Ag

此电池的电动势取决于溶液 X 的 pH。故测量过程与上相同。

应该注意，用玻璃电极测定 pH 超过 9 的溶液时会产生"钠差"，这是因为在强碱性溶液中 H^+ 浓度很小，Na^+ 扩散作用的影响相应增大所致。采用锂玻璃代替钠玻璃可以做成测量 pH 达 13 而无"钠差"的玻璃电极。不过这种玻璃电极的电阻和不对称电位均较普通玻璃电极为高。

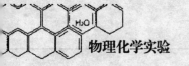
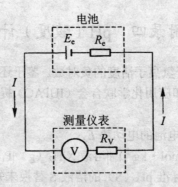

图 3-31　电动热测量示意图

如前所述，pH 的测定实际就是电池电动势的测定，因此 pH 计也就是一个电位差计。由于玻璃电极的内阻很高，一般在 5～500MΩ，这就要求测量仪器在测量过程中几乎不从电池取出电流。这一要求的重要性，可用如图 3-31 所示的测量电路来说明。设玻璃电极的内阻为 100MΩ（$10^8\Omega$），玻璃电极与参比电极间的电动势 E_0 是 1.0V，测量仪器的内阻也达到 $10^8\Omega$，那么通过电路的电流是：

$$I = \frac{E_0}{R_e + R_V} = \frac{1.0}{10^8 + 10^8}A = 5 \times 10^{-9}A$$

通过电池内阻产生的电压降是：

$$IR_e = (5 \times 10^{-9})(1 \times 10^8)V = 0.5V$$

这个电位降与 E_0 的极性相反，因此测量仪表上表现出的仅是 0.5V。由这个微小电流所引起的测量误差竟达 50%。如果要使误差减少到 0.1%，需使流过的电流不大于 10^{-11}A，这要求测量仪表的内阻至少是 $10^{11}\Omega$，因而通常采用高输入阻抗的电子管或晶体管电压表来满足这一要求。

酸度计的种类很多，以往多使用 PHS—2 型 pH 计，现则多用数字式 pH 计。320—S pH 计是其中的一种。该 pH 计可以测量溶液的 pH、温度和所测电池的电动势 mV 值，并具有温度自动补偿功能。它的板面布置如图 3-32 所示。

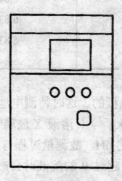

图 3-32　梅特勒-托利多 Delta320—S pH 计

PHS—3B 型 pH 计通常使用 E—201—C9 型复合电极。它是由玻璃电极与 Ag－AgCl 电极复合组成。其中玻璃电极为测量电极，Ag－AgCl 电极为参比电极。

测定 pH 时，操作步骤如下：

1. 显示屏及控制键

模式	选择 pH、mV 或温度方式。
校准	在 pH 方式下启动校准程序；在温度方式下启动温度输入程序。
开/关	接通/关闭显示器，关闭时将 pH 计设置在备用状态。
读数	在 pH 方式和 mV 方式下启动样品测定过程，再按一次该键时锁定当前值。在温度方式下，读数键作为输入温度值时各位间的切换键。

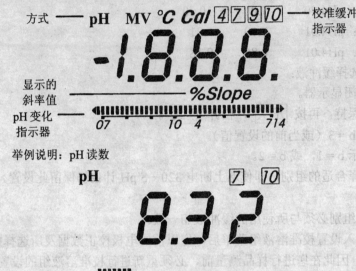

举例说明：pH 读数

2. 温度的输入

我们建议在每次测定溶液的 pH 值之前先看一下温度,如果温度设定值与样品温度不同,应输入新的溶液的温度值。

按一次 模式 进入温度方式，显示屏即有"C"图样显示，同时显示屏将显示最近一次输入的温度值，小数点闪烁。如果要输入新的温度值，则按一下 校准 ，此时首先是温度值的十位数从 0 开始闪烁，每隔一段时间加"1"。当十位数到达所要的数值时，按一下 读数，这时十位数固定不变，个位数开始闪烁，并且累加。当个位数到达所要的数值时，按一下 读数 ，十位数和个位数均保持不变，小数点后十分位开始在"0"和"5"之间变化。当到达需要数字时按 读数 ，温度值将固定，且小数点停止闪烁，此时温度值已被读入 pH 计。完成温度输入后，按 模式 回到 pH 或 mV 方式。

注意：在温度输入后，但在未退出温度方式前想改变温度设定值，只需按一下 读数 使小数点闪烁，然后按 校准 ，按照上述步骤重新输入温度值。在温度输入过程中，若想重新输入温度，按 校准，然后按上述步骤重新输入温度值。

320—S pH 计在关机后仍然保留此温度值。

3. 测定 pH 值

我们建议在样品测定前进行常规校准，并检查当前温度值,确定是否要输入新的温度值。

要测定某一样品的 pH 值：将电极放入样品并按 读数 启动测定过程，小数点会闪烁。显示屏同时显示数字式及模拟式 pH 值。模拟式尺度从 0～7 或 7～14。超出或不足显示范围

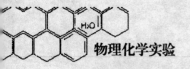

的数值由箭头表示。

将显示静止在终点数值上，按 读数 ，小数点停闪。

启动一个新的测定过程，再按 读数 。

3.1 设置校准溶液组

要获得最精确的 pH 值，就必须周期性地校准电极。有三组校准缓冲液可供选择（每组有三种不同 pH 值的校准液）。

组 1（b = 1）：pH4.00　　7.00　　10.00

组 2（b = 2）：pH4.01　　7.00　　9.21

组 3（b = 3）：pH4.01　　6.86　　9.18

按下列步骤选择缓冲液：

按 开/关 关闭显示器。

按 模式 并保持，再按 开/关 ，松开 模式 。

显示屏显示 b = 3（或当前的设置值）。

按 校准 显示 b = 1，或 b = 2。

按 读数 选择合适的组别，即使遇上断电 320—S pH 计也仍保留此设置。

注意

（1）所选择组别必须与所使用的缓冲液相一致。

（2）当您进入设置校准溶液组菜单后，您以前的电极校正数据及所选择的校正溶液组已改为出厂设置，因此在您进行样品测量前，必须重新进行校准溶液组的设置及电极校正。

3.2 校准 pH 电极

首先测出缓冲液的温度，并进入温度方式输入当前缓冲液的温度。

（1）一点校准

将电极放入第一个缓冲液并按 校准 。

320—S pH 计在校准时自动判定终点，当到达终点时相应的缓冲液指示器显示，要人工定义终点，按 读数 。

要回到样品测定方式，按 读数 。

（2）两点校准

继续第二点校准操作，按 校准 。

将电极放入第二种缓冲液并按上述步骤操作，当显示静止后电极斜率值简要显示。

要回到样品测定方式，按 读数 。

3.3 测定 mV 值

按下列步骤测定某一样品的 mV 绝对值：

将电极放入样品并按 读数 启动测定过程。

显示屏显示该样品的 mV 绝对值。

要将显示静止在终点值上，按 读数 。

要启动一个新的测定过程，按 读数 。

梅特勒-托利多 Delta 320—S pH 计

附录五 常用参比电极及盐桥的制备

甘汞电极

甘汞电极是应用最广的一种参比电极，下面介绍实验室中常用的饱和甘汞电极的制法。

1. 研磨法

在小玻璃研钵中加入少量化学纯甘汞（Hg_2Cl_2），滴加几滴纯汞及饱和氯化钾溶液，小心研磨使之成均匀灰白色糊状物。

甘汞电极的形式很多，如图3-33（b）所示的形式结构简单，易于制作。为使铂丝电极与汞接触良好，可先使铂丝镀上一层汞齐。方法是先使铂丝在浓硫酸中浸几分钟，然后用去离子水洗净，用它作为阴极，另用一铂丝作阳极，在1%硝酸汞溶液（加几滴硝酸酸化）中通2V直流电1min，这时原光亮的铂丝变为灰色，再用去离子水淋洗，用滤纸吸干（不能擦洗）。把铂丝电极装入电极管中，塞紧橡皮塞，用滴管从加料口加入干净汞，以把铂丝全部淹没为度。再用滴管取制好的甘汞糊放在汞上面，甘汞糊的上面再放饱和氯化钾的晶浆，最后加满饱和氯化钾溶液，严密塞紧加料口。滤纸卷成的塞也必须塞紧。

目前市场上已有不少类型的商品甘汞电极出售。如图3-33（a）所示是有保护盐桥的217型饱和甘汞电极。

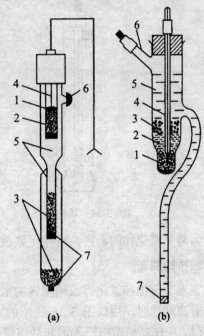

图3-33 甘汞电极

1—汞；2—甘汞糊；3—氯化钾晶体；
4—铂丝电极；5—饱和氯化钾溶液
6—加料口；7—滤纸塞或多孔瓷

2. 电解法

以 $1mol \cdot L^{-1}HCl$ 溶液作电解液，纯汞作阳极（由埋入汞中的铂丝作导线，此铂丝不能露出汞面，以免生成氧化汞），在盐酸溶液中插入另一铂电极作阴极。通电后汞表面即有甘汞生成，由搅拌器使汞面不断更新。维持电流密度在 $0.2\sim2A \cdot dm^{-2}$ 对产物性能影响不大。由于大量细分散汞粒存在，使产物带灰黑色。将产物澄清，小心除去上层清液，先用去离子水洗净至酸性消失，再用饱和氯化钾溶液洗涤，得到的糊状物用前述方法放在汞面上。

为了避免溶液沿玻璃壁的毛细管渗透，影响电极电位和使盐液沿壁爬行，可设法使玻璃表面变为增水的。为此可将玻璃件先烘至100℃，再用含硅油1%的四氯化碳处理表面，然后在180℃左右烘2h，冷后用四氯化碳萃出未与器壁结合的硅油。

氯化银电极

用铂或银丝或它们的小薄片做成如图3-34所示的形状。先进行镀银，电镀液可用硝酸银及氰化钾各1.5g，分别溶于50ml去离子水中，然后将硝酸银溶液在搅拌下缓缓注入氰化钾溶液而成。待镀电极先用硝酸清洗，然后以它作阴极，另一铂丝作阳极，按电流密度

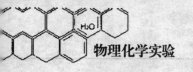
$2mA \cdot cm^{-2}$ 通电 2h 左右即可。所成银电极置于去离子水中浸泡两天并经常换水，以洗净氰化物。然后于 $1mol \cdot L^{-1}HCl$ 溶液中，以它作阳极，另一铂电极作阴极，在 $2mA \cdot cm^{-2}$ 下氯化 $1\sim2h$，所得电极显紫褐色。用去离子水清洗，在相应浓度的氯化钾溶液中放置 24h 以上使其达到平衡。电极需在棕色瓶中存放，以免氯化银长期见光分解。

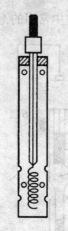

图 3-34　氯化银电极

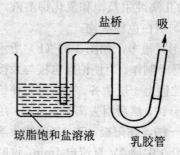

图 3-35　琼脂盐桥制备法

为避免氰化物的毒害，可用无氰镀液镀银。

盐桥的制备

室温下于饱和氯化钾或硝酸钾的水溶液中加入约 3% 的琼脂，加热使其完全溶解。待冷至尚有流动性时，用如图 3-35 所示的方式使琼脂吸入盐桥中。完全冷却凝固后即可使用。不用时，应使盐桥两端浸入饱和盐溶液中保存。制作鲁金毛细管盐桥时，既可将毛细管端堵住，从上部支管由盐桥另一端吸入琼脂，也可以将饱和盐溶液直接灌入盐桥玻璃管中，两端用裹紧的滤纸塞紧。

附录六　旋　光　仪

　　旋光仪是研究具有旋光性物质的常用仪器。它的基本原理是：非偏振光通过各向异性晶体（如方解石）时，由双折射产生两条偏振方向互相垂直的平面偏振光，如图 3-36 所示。由于这两条光线的折射率不同，因而当非偏振光 S 以一定的入射角投射到尼科尔棱镜上时，称之为寻常光线的 O 光线，在第一块直角棱镜与加拿大树胶的交界面上全反射后即为棱镜框子上涂黑的表面所吸收，称之为非常光线的 E 光线（振动方向与主截面平行）则透过树胶层及第二棱镜射出，从而获得单方向的平面偏振光，如图 3-37 所示。折射光线与晶体光轴所构成的平面称为主截面。

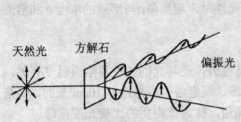

图 3-36　天然光被分解为偏振光

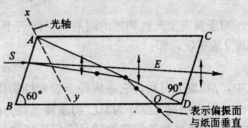

图 3-37　尼科尔棱镜主截面图

　　若在一个尼科尔棱镜后另置一尼科尔棱镜，两者主截面互相平行，由第一尼科尔棱镜（称起偏棱镜）射达第二尼科尔棱镜（称为检偏棱镜）的偏振光全能通过；当两个主截面互相垂直，则由第一尼科尔棱镜射到第二尼科尔棱镜的偏振光将完全不能通过，如图 3-38 所示；当两个主截面的夹角介于 0 与 90°之间，透过光强将被减弱。设在两个主截面互相垂直的起偏镜和检偏镜之间放置一个玻璃旋光管，当管内无溶液时，视野是黑暗的。当管内充满含有旋光性物质的溶液（如蔗糖溶液）时，因溶液使光的偏振平面旋转了某一个角度，从视野可见到一定的光亮。这时如将检偏镜相应旋转某一角度后，又可使视野重新变暗，检偏镜旋转的角度即等于光的偏振平面在通过溶液后的旋转角。

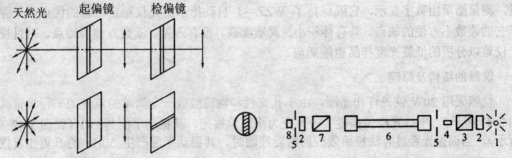

图 3-38　光通过尼科尔棱镜示意图

图 3-39　旋光仪的光学系统

1—光源；2—透镜；3—起偏镜；4—石英片；

5—光阑；6—旋光管；7—检偏镜；8—日镜

　　要将起偏镜和检偏镜的主截面转在相互垂直的位置是不容易做得十分准确的，为了克服这一困难，在起偏镜后另置一狭长石英片 4，如图 3-39 所示。石英片具有旋光性，使石英

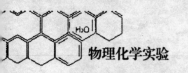

物理化学实验

片和起偏镜的主截面间夹一小角度 δ（2°~3°）。如检偏镜主截面与起偏镜及石英片主截面相交的角相等（即 $\delta/2$），旋光管未装旋光物质时，则视野内各部分亮度相同，如图 3-40（a）所示，以此作为零点。若在旋光管中放置旋光物质，则将使偏振面旋转某一角度，视野中出现明暗不等两个区域，如图 3-40（b）和图 3-40（c）所示。将检偏镜旋转一角度使亮度重新相等，所旋角度即为溶液使光偏振面所旋角度。这个角度称为旋光角，用 α 表示。

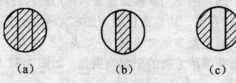

（a）　　　　　（b）　　　　　（c）

图 3-40　旋光镜的视野

对于具有旋光性物质的溶液，当溶剂不具旋光性时，旋光角 α 与溶液的浓度 c 和溶液层厚度 l 成正比，即：

$$\alpha = \beta c l$$

式中，β 称旋光常数，它除依赖于旋光性物质的特性外，还与光的波长及溶液温度有关。

一般常用旋光度作为量度物质旋光能力的标准。规定当偏振光通过 10cm 长的，每毫升含有 1g 旋光性物质溶液的样品管后所产生的旋光角，称为该物质的比旋光度，即

$$[\alpha]_\lambda^t = \frac{\alpha}{l_\rho}$$

式中：α——所观察到的旋光角，单位为°（度）；λ——测定时的温度；l——光通过溶液柱的长，单位为 dm；ρ——1ml 溶液中旋光性物质的克数，单位为 $g \cdot cm^{-3}$。

一般在 25℃ 用 D 线（钠光 5890~5896Å）波长的光源测定，所得旋光率记做 $[\alpha]_\lambda^t$。由于旋光角与溶剂有关，故表示 $[\alpha]$ 值时还应说明溶剂（如不说明，一般指水溶液）。

在测旋光角时，若检偏镜是向右旋的（顺时针方向）则称为右旋，用"+"表示，反之则是左旋的（反时针方向），用"—"表示。

WZZ—2 型自动旋光仪（仪器结构如图 3-44 所示）采用光电自动平衡原理进行旋光测量，测量结果由数字显示，它既保持了 WZZ—1 自动指示旋光仪稳定可靠的优点，又弥补了它的读数不方便的缺点，具有体积小、灵敏度高、没有入差、读数方便等特点。对目视旋光仪难以分析的低旋光度样品也能适应。

仪器的结构及原理

仪器采用 20W 钠光灯作光源，由小孔光栏和物镜组成一个简单的点光源平行光管（如图 3-41 所示），平行光经偏振镜（一）变为平面偏振光，其振动平面为 OO（如图 3-42（a）所示），当偏振光经过有法拉弟效应的磁旋线圈时，其振动平面产生 50Hz 的 β 角往复摆动（如图 3-42（b）所示），光经偏振镜（二）投射到光电倍增管上，产生交变的电讯号。

仪器以两偏振镜光轴正交时（即 OO 垂直于 PP）作为光学零点，此时，$a = 0°$（如图 3-43所示）。磁旋线圈产生的 β 角摆动，在光学零点时得到 100Hz 的光电讯号（曲线 C'）；在有 a_1^0、a_2^0 的试样时得到 50Hz 的伺服电机转动。伺服电机通过蜗轮、蜗杆将偏振镜转过 a 度（$a = a_1$ 或 $a = a_2$），仪器回到光学零点，伺服电机在 100Hz 讯号的控制下，重新出现平衡指示。

仪器的作用方法

1. 将仪器电源插头插入 220V 交流电源（要求使用交流电子稳压器（1kV·A）），并将**接地脚可靠接地**。

2. 向上打开电源开关，这时钠光灯在交流工作状态下起辉，经过 5min 钠光灯激活后，钠光灯才发光稳定。

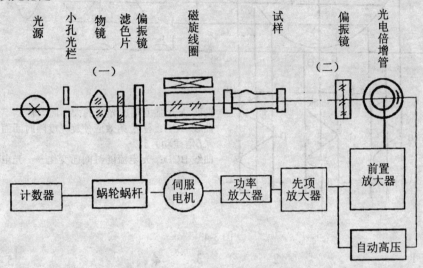

图 3-41　自动旋光仪工作原理示意图

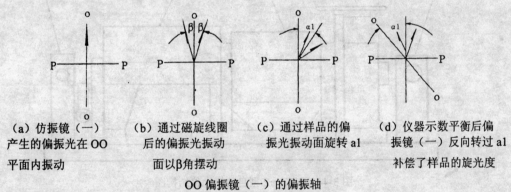

　（a）仿振镜（一）　　　（b）通过磁旋线圈　　　（c）通过样品的偏　　　（d）仪器示数平衡后偏
产生的偏振光在 OO　　　后的偏振光振动　　　振光振动面旋转 a1　　　振镜（一）反向转过 a1
平面内振动　　　　　　面以 β 角摆动　　　　　　　　　　　　　补偿了样品的旋光度

OO 偏振镜（一）的偏振轴

PP 偏振镜（二）的偏光轴

图 3-42

3. 向上打开光源开关，（若光源开关扳上后，钠光灯熄灭，则再将光源开关上下重复扳动 1 到 2 次，使钠光灯在直流下点亮为正常。）

4. 打开测量开关，这时数码管应有数字显示。

5. 将装有蒸馏水或其他空白溶剂的试管放入样品室，盖上箱盖，待示数稳定后，按清零按钮。试管中若有气泡，应先让气泡浮在凸颈处；通过面两端的雾状水滴应用软布揩干。**试管螺帽不宜旋得过紧**，以免产生应力，影响读数。试管安放时应注意标记的位置和方向。

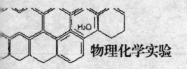
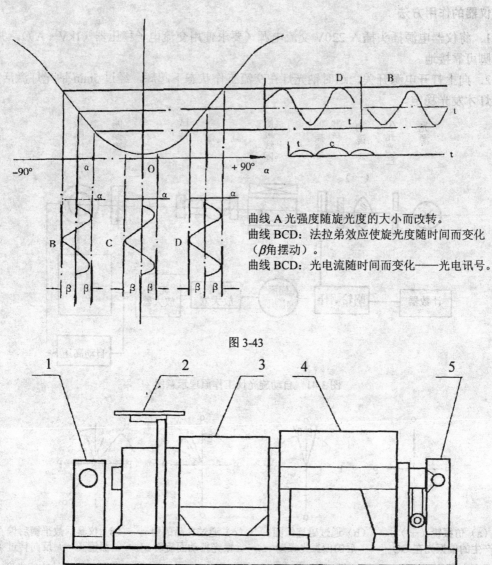

曲线 A 光强度随旋光度的大小而改转。
曲线 BCD：法拉弟效应使旋光度随时间而变化（β 角摆动）。
曲线 BCD：光电流随时间而变化——光电讯号。

图 3-43

图 3-44　WZZ—2 型自动旋光仪结构图
1—光源；2—计数盘；3—磁旋线圈；4—样品室；5—光电倍增管

　　6. 取出试管。将待测样品注入试管，按相同的位置和方向放入样品室内，盖好箱盖，仪器数显窗将显示出该样品的旋光度。注意试管应用被测试样洗湿数次。

　　7. 逐次揿下复测按扭，重复读几次数，取平均值作为样品的测定结果。

　　8. 如样品超过测量范围，仪器在 ±45° 处来回振荡。此时，取出试管，仪器即自动转回零位。此时可将试液稀释一倍再测。

　　9. 仪器使用完毕后，应依次关闭测量、光源、电源开关。

　　10. 钠灯在直流供电系统出现故障不能使用时，仪器也可在钠灯交流供电（光源开关不向上开启）的情况下测试，但仪器的性能可能略有降低。

　　11. 当放入小角度样品（小于 0.5°）时，示数可能变化，这时只要按复测按扭就会出现新的数字。

测定浓度或含量

先将已知纯度的标准品或参考样品按一定比例稀释成若干支不同浓度的试样，分别测出其旋光度。然后以横轴为浓度，纵轴为旋光度，绘成旋光曲线（如图 4-45 所示）。一般地，旋光曲线均按算术插值法制成查对表形成。

测定时，先测出样品的旋光度，根据旋光度从旋光曲线上查出该样品的浓度或含量。旋光曲线应用同一台仪器，同一支试管来做，测定时应予注意。

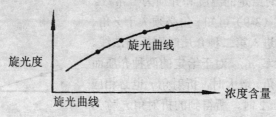

图 3-45　旋光度与浓度含量关系曲线

测定比旋度纯度

先按药典规定的浓度配制好溶液，依次测出旋光度，然后按下列公式计算出比旋度（a）：

$$(a) = \frac{a}{LC}$$

式中：a——测得的旋光度（°）。

C——溶液的浓度（g/ml）。

L——溶液的长度（dm）。

由测得的比旋度可以求得样品的纯度：

$$纯度 = \frac{实测比旋度}{理论比旋度}$$

测定国际糖分度

根据国际糖度标准，规定用 26g 纯糖制成 100ml 溶液，用 200mm 试管在 20℃下用钠光测定，其旋光度为+34.626，其糖度为 100 糖分度。

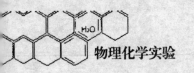
附录七 阿贝折射仪

单色光从一种介质进入另一种介质时即发生折射现象。在定温下入射角 i 的正弦和折射角 r 的正弦之比等于它在两种介质中传播速度 v_1，v_2 之比。即

$$\frac{\sin i}{\sin r} = \frac{v_1}{v_2} = n_{1,2} \tag{3-9}$$

$n_{1,2}$ 称为折射率，对给定的温度和介质为一常数。

当 $n_{1,2} > 1$ 时，从式（3-9）可知 i 角必须大于 r 角。这时光线由第一种介质进入第二种介质时则折向法线。

在一定温度下折射率 $n_{1,2}$ 对于给定的两种介质而言为一常数，故当入射角 i 增大时，折射角 r 也必相应增大，当 i 达到极大值 $\pi/2$ 时，所得到的折射角 r_c 称为临界折射角。显然，从图 3-46 中法线左边入射的光线折射入第二种介质时，折射线都应落在临界折射角 r_c 之内。这时若在 M 处置一目镜，则目镜上呈现半明半暗现象。从式（3-9）不难看出，当固定一种介质时，临界折射角 r_c 的大小和折射率（表征第二种介质的性质）有简单的函数关系。阿贝折射仪正是根据这个原理设计的。

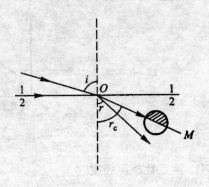

图 3-46 光的折射

数字阿贝折射仪测定透明或半透明物质的折射率原理是基于测定临界角，由目视望远镜 2 部件和色散校正部件组成的观察部件来瞄准明暗两部分的分界线，也就是瞄准临界角的位置，并由角度-数字转换部件将角度量转换成数字量，输入微机系统进行数据处理，而后数字显示出被测样品的折射率或锤度。

结构

如图 3-47 所示为 WAY—1/2S 数字阿贝折射仪。

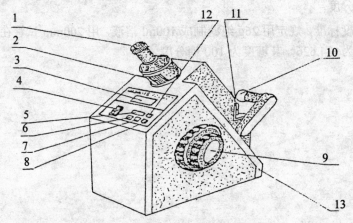

图 3-47 WAY—1/2S 数字阿贝折射仪

1—目镜；

2—色散校正手轮；

3—显示窗；

4—"POWER"电源开关；

5—"READ"读数显示键；

6—"BX-TC"经温度修正锤度显示键；

7—"nD"折射率显示键；

8—"BX"未经温度修正锤度显示键；

9—调节手轮；

10—聚光照明部件；

11—折射棱镜部件；

12—"TEMP"温度显示器；

13—RS232接口（有RS232系指WAY-2S，下同）。

操作

1. 按下"POWER"波形电源开关，聚光照明部件中照明灯亮，同时显示窗显示00000。有时显示窗先显示"—"，数秒后显示00000。

2. 打开折射棱镜部件，移去擦镜纸，这张擦镜纸是仪器不使用时放在两棱镜之间，防止在关上棱镜时，可能留在棱镜上细小硬粒弄坏棱镜工作表面。擦镜纸只需用单层。

3. 检查上、下棱镜表面，并用水或酒精小心清洁其表面。测定每一个样品后也要仔细清洁两块棱镜表面，因为留在棱镜上少量的原来样品将影响下一个样品的测量准确度。

4. 将被测样品放在下面的折射棱镜的工作表面。如样品为液体，可用干净滴管吸1～2滴液体样品放在棱镜工作表面上，然后将上面的进光棱镜盖上。如样品为固体，则固体样品必须有一个经过抛光加工的平整表面。测量前需将这个抛光表面擦清，并在下面的折射棱镜工作表面上滴1～2滴折射率比固体样品折射率高的透明的液体（如溴代萘），然后将固体样品抛光面放在折射棱镜工作表面上，使其接触良好，如图3-48所示。测固体样品时不需将上面的进光棱镜盖上。

5. 旋转聚光照明部件的转臂和聚光镜筒使上面的进光棱镜的进光表面（测液体样品）或固体样品前面的进光表面（测固体样品）得到均匀照明。

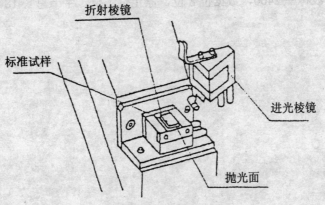

图3-48　折射棱镜部件

6. 通过目镜观察视场，同时旋转调节手轮，使明暗分界线落在交叉线视场中。如从目

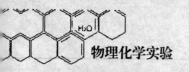
镜中看到视场是暗的，可将调节手轮逆时针旋转。看到视场是明亮的，则将调节手轮顺时针旋转。明亮区域是在视场的顶部。在明亮视场情况下可旋转目镜，调节视度看清交叉线。

图 3-49　目镜中的像

7. 旋转目镜方缺口里的色散校正手轮，同时调节聚光镜位置，使视场中明暗两部分具有良好的反差和明显分界线具有最小的色散。

8. 旋转调节手轮，使明暗分界线准确对准交叉线的交点，如图 3-49 所示。

9. 按"READ"读数显示键，显示窗中 00000 消失，显示"－"，数秒后"－"消失，显示被测样品的折射率。如要知道该样品的锤度值，可按"BX"未经温度修正的锤度显示键或按"BX-TC"经温度修正锤度（按 ICUMSA）显示键。"n_D"、"BX-TC"及"BX"三个键用于选定测量方式。经选定后再按"READ"键，显示窗就按预先选定的测量方式显示。有时按"READ"键显示"－"，数秒后"－"消失，显示窗全暗，无其他显示，反映该仪器可能存在故障，此时仪器不能正常工作，需进行检查修理。当选定测量方式为"BX-TC"或"BX"时如果调节手轮旋转超出锤度测量范围（0～90%），按"READ"后，显示窗将显示"•"。

10. 检测样品温度，可按"TEMP"温度显示键，显示窗将显示样品温度。除了按"READ"键后，显示窗显示"－"时按"TEMP"键无效，在其他情况下都可以对样品进行温度检测。显示为温度时，再按"n_D"、"BX-TC"或"BX"键，显示将是原来的折射率或锤度。为了区分显示值是温度还是锤度，在温度前加"t"符号，在"BX-TC"锤度前加"C"符号，在"BX"锤度前加"b"符号。

11. 样品测量结束后，必须用酒精或水（样品为糖溶液）进行小心清洁。

12. 本仪器折射棱镜部件中有通恒温水结构，如需测定样品在某一特定温度下的折射率，仪器可外接恒温器，将温度调节到所需温度再进行测量。

13. 计算机可用 RS232 连接线与仪器连接。首先，送出一个任意的字符，然后等待接收信息。（参数：波特率 2400，数据位 8 位，停止位 1 位，字节总长 18）。

附录八　分光光度计

当溶液中的物质在光的照射激发下，物质中的原子和分子所含的能量将以多种方式和光相互作用而产生对光的吸收效应。物质对光的吸收具有选择性，不同的物质有各自的吸收光带，所以当不同波长的单色光通过某一物质时，光能量就会有不同程度的减弱。在一定波长下，溶液中某一物质的浓度与光能量的减弱的程度间有一定的关系，即朗伯-比尔定律：

$$\lg\left(\frac{I}{I_0}\right)_\lambda = -\kappa_\lambda cl$$

吸光度的定义为：

$$A_\lambda = \lg\left(\frac{I_0}{I}\right)_\lambda$$

式中：A_λ——单色光波长为λ时的吸光度（又称光密度）；I_0——入射光强度（λ介质前）；I——透射光强度（出介质后）；I/I_0——透射比（用百分比表示即为透光度）；κ_λ——吸光系数；c——溶液浓度；l——溶液层厚度。

当入射单色光的波长、溶剂、溶质以及溶液层厚度不变时，吸光度与溶液浓度成正比，即

$$\frac{A_\lambda}{A_\lambda'} = \frac{c}{c'}$$

WFJ2100 型和 WFZUV—2100 型分光光度计就是根据这一原理，结合现代精密光学和最新微电子等高新技术，研制开发的具有最新先进技术水平的中级型分光光度计。

基本操作

1．连接仪器电源线，确保仪器供电电源有良好的接地性能。

2．接通电源，至仪器自检完毕，显示器显示"546nm 100.0"即可进行测试。

3．用"MODE"键设置测试方式：透射比（T），吸光度（A），已知标准样品浓度值（C）方式和已知标准样品斜率（F）方式。

4．用波长设置键，设置您所需的分析波长。如没有进行上步操作，仪器将不会变换到您想要的分析波长。根据分析规程，每当分析波长改变时，必须重新调整 0A/100%T。2100型和 UV—2100 型光度计特别设计了防误操作功能：当波长被改变时，第一排显示器会显示"BLA"字样，提示您下步必须调 0A/100%T，当您设置完分析波长时，如没有调 0A/100%T，仪器将不会继续工作。

5．根据设置的分析波长选择正确的光源。光源的切换位置在 335nm 处。正常情况下，仪器开机后，钨灯和氘灯同时点亮。为延长光源灯的使用寿命，仪器特别设置了光源灯开关控制功能，当您的分析波长在 335nm～1000nm 时，应选用钨灯。

6．将您的参比样品溶液和被测样品溶液分别倒入比色皿中，打开样品室盖，将盛有溶液的比色皿分别插入比色皿槽中，盖上样品室盖。一般情况下，参比样品放在第一个槽位中。仪器所附的比色皿，其透射比是经过配对测试的，未经配对处理的比色皿将影响样品的测试精度。比色皿透光部分表面不能有指印、溶液痕迹，被测溶液中不能有气泡、悬浮物，否则也将影响样品测试的精度。

7．将参比样品推（拉）入光路中，按"0A/100%T"键调 0A/100%T，此时显示器显示

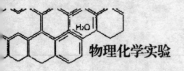

的"BLA——"直至显示"100.0"或"0.000"为止。

8. 当仪器显示器显示出"100.0"或"0.000"后，将被测样品推（拉）入光路，这时，您便可从显示器上得到被测样品的透射比或吸光度值。

样品浓度的测量方法

已知标准样品浓度值的测量方法

1. 用"MODE"键将测试方式设置至 A（吸光度）状态。

2. 用 WAVELENGTH∧∨设置键设置样品的分析波长，根据分析规程，每当分析波长改变时，必须重新调整 0ABS/100%T 和 0%T。

3. 将您的参比样品溶液、标准样品溶液和被测样品溶液分别插入比色皿中，打开样品室盖，将盛有溶液的比色皿分别插入比色皿槽中，盖上样品室盖。一般情况下，参比样品放在第一个槽位中。仪器所附的比色皿，其透射比是经过配对测试的，未经配对处理的比色皿将影响样品的测试精度，比色皿透光部分表面不能有指印、溶液痕迹，被测溶液中不能有气泡、悬浮物，否则也将影响样品测试的精度。

4. 将参比样品推（拉）入光路中，按"0A/100%T"键调 0A/100%T，此时显示器显示的"BLA——"直至显示"0.000"为止。

5. 用"MODE"键将测试方式设置至 C 状态。

6. 将标准样品推（或拉）入光路中。

7. 按"INC"或"DEC"键将已知的标准样品浓度值输入仪器，当显示器显示样品浓度值时，按"ENT"键。浓度值只能输入整数值，设定范围为 0～1999。

8. 将被测样品依次推（或拉）入光路，这时便可从显示器上分别得到被测样品的浓度值。

已知标准样品浓度斜率（K 值）的测量方法：

1. 用"MODE"键将测试方式设置至 A（吸光度）状态。

2. 用 WAVELENGTH ∧∨ 键，设置样品的分析波长，根据分析规程，每当分析波长改变时，必须重新调整 0ABS/100%T 和 0%T。

3. 将您的参比样品溶液，标准样品溶液和被测样品溶液分别倒入比色皿中，打开样品室盖，将盛有溶液的比色皿分别插入比色皿槽中，盖上样品室盖。一般情况下，参比样品放在第一个槽位中。

仪器所附的比色皿，其透射比是经过配对测试的，未经配对处理的比色皿将影响样品的测试精度，比色皿透光部分表面不能有指印、溶液痕迹，被测溶液中不能有气泡、悬浮物，否则也将影响样品测试的精度。

4. 将参比样品推（拉）入光路中，按"0A/100%T"键调 0A/100%T，此时显示器显示的"BLA——"直至显示"0.000"为止。

5. 用"MODE"键将测试方式设置至 F 状态。

6. 按"INC"或"DEC"键输入已知的标准样品斜率值，当显示器显示标准样品斜率时按"ENT"键。这时，测试方式指示灯自动指向"C"，斜率值只能输入整数值。

7. 将被测样品依次推（或拉）入光路，这时便可从显示器上分别得到被测浓度值。

附录九   汞和水的纯化

汞的纯化

汞中通常含有三类杂质：（1）可过滤除去的固形物；（2）溶于汞中的贱金属，它们在氧化后常使汞表面蒙上一层灰色氧化物；（3）溶于汞中的贵金属。后者只能用蒸馏法与汞分离，但通常它们对汞的使用不产生严重危害，因而只需除去前两类杂质即能满足一般实验要求。

通常可用直径 3～4cm，长约 1m 的玻璃管做成洗汞器，如图 3-50 所示。用浓度约为 10% 的稀硝酸作溶剂，配合含 $Hg_2(NO_3)_2$ 5% 的溶液作为洗汞液，这时多数易氧化的贱金属均可除去。为了增大汞与洗汞液的接触，提高洗涤效率可使汞在洗汞器中分散成很细的颗粒。为此，在洗汞器上口置一漏斗，漏斗锥部拉成毛细管，它同时可以起到过滤固体杂质的作用。将汞反复洗数次，再换用去离子水洗数次。汞表面的水可用滤纸吸干，然后放入装有干燥剂的干燥器中干燥。

图 3-50   洗汞器

原料水进口

放气孔

混合树脂

玻璃毛
玻璃球
成品水出口

图 3-50   离子交换柱

当汞中含有较多贱金属时，可用电解法精制。这时以稀硫酸作电解液，以浸埋于汞中的铂丝作阳极，悬于硫酸中的铂丝作阴极，电压 5～6V，电流 0.2A 左右，进行电解。过程中不断搅拌，直到汞面上有白色 $HgSO_4$ 析出时即可结束电解，滗去硫酸溶液，再将汞在洗汞器中用去离子水洗涤。

水的纯化

目前广泛采用离子交换法制备纯水。作为制备纯水的原料水，必须不含腐殖质、细菌和一些非离子杂质，因为它们都不能被离子交换树脂除去。自来水含离子性杂质较多，氯含量也高，会使树脂再生频繁，树脂寿命缩短，不宜作为实验室制备纯水的原料。用蒸汽锅炉的凝结水作原料最好，也可用大型离子交换柱生产的纯水作原料，使它们再通过实验室的小型

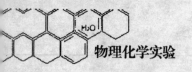

混合树脂交换柱，不但可以使实验室的树脂柱再生周期长，且能保证获得高纯度的纯水。

实验室交换柱可用一根长约 80cm，直径约 4.5cm 的玻璃作成，如图 3-50 所示。管底垫好玻璃珠和玻璃毛。另备两根尺寸稍小的玻璃管作再生柱。

1．树脂的预处理

将强酸性阳离子树脂与强碱性阴离子树脂分别用约与树脂同体积的 2mol·L^{-1}HCl 和 2mol·L^{-1}NaOH 浸泡半天，并不时搅拌。然后用倾注法以蒸馏水洗涤几次，分别装入两再生柱中，注意不要有气泡存在。再分别用 2mol·L^{-1}HCl 和 2mol·L^{-1}NaOH 以 2～3cm·s^{-1} 及 1～1.5cm·s^{-1} 的速度通过再生柱，流过 3～4 倍树脂体积的溶液即可。然后用纯水按上述流速通过树脂。阳离子树脂约需 6 倍树脂体积的水即能洗到 pH 为 6.6，阴离子树脂约需 14 倍树脂体积的水才能洗到 pH 接近 7。

将处理好的树脂从再生柱倒入烧杯内，按两份阴离子树脂加一份阳离子树脂的比例在大烧杯中混合均匀。将混合好的树脂加水，用倾注法倒入交换柱中，注意不要有气泡存在。

混合柱净水的效率比其他方式要高得多，所得纯水质量也好得多。

2．交换

原料水通过交换柱的流量控制在 150～200mL·min^{-1} 之间，倒流出的水的 pH 接近 7，或电导率达到一定指标即可开始收集纯水。当交换柱停用后重新使用时，也要等水质合格后才开始收集纯水。

3．交换柱的再生

当交换柱经过一定时间的使用，发现成品水不合要求，则可将树脂倒入大烧杯中，滗出残余的水，加入 2～3mol·L^{-1}NaOH 溶液，这时可见阴离子树脂上浮，阳离子树脂下沉（如果分离得不好，可适当调整碱液浓度）。让树脂静置分层后，用倾注法将两者分开，此时阴离子树脂已基本转变为 OH$^-$型，阳离子树脂则转变为 Na$^+$型。再用前述树脂预处理的方法，使阴、阳离子树脂分别再生。

4．水质检验

使交换柱流出的水先经过一个电导池，以便随时用电导仪测定其电导率。产品的电导率达到 10^{-4}S·m^{-1}，即符合物理化学和分析化学实验对纯水的要求。

附录十　气体钢瓶和减压阀

1．气体钢瓶的颜色标记

实验室中常使用容积 40 L 左右的气体钢瓶。为避免各种钢瓶混淆，瓶身需按规定涂色和写字。

2．气体钢瓶的安全使用

（1）钢瓶应存放在阴凉、干燥，远离电源、热源（如阳光、暖气、炉火等）的地方。可燃气体钢瓶必须与氧气钢瓶分开存放。

（2）搬运钢瓶要戴上瓶帽、橡皮腰圈。要轻拿轻放，不要在地上滚动，避免撞击。使用钢瓶要用架子把它固定，避免突然摔倒。

（3）使用钢瓶中的气体时，一般都要装置减压阀。可燃气体钢瓶的螺纹一般是反扣的（如氢、乙炔），其余是正扣的。各种减压阀不得混用。开启气阀时应站在减压阀的另一侧，注意安全。

（4）氧气瓶的瓶嘴、减压阀严禁沾染油脂。

（5）钢瓶内气体不能全部用尽，应保持 0.05MPa 表压以上的残留压力。

（6）钢瓶须定期送交检验，合格钢瓶才能充气使用。

3．气体减压阀

气体减压阀的结构原理如图 3-52 所示。当顺时针旋转手柄 1 时，压缩主弹簧 2，作用力通过弹簧垫块 3、薄膜 4 和顶杆 5 使活门 9 打开，高压气体进入低压气体室，其压力由低压表 10 指示。当达到所需压力时，停止旋转手柄，开节流阀输气至受气系统。当停止用气时，逆时针旋松手柄 1，使主弹簧 3 恢复自由状态，活门 9 由弹簧 8 的作用而密闭。当调节压力超过一定许用值或减压阀故意时，安全阀 6 会自动开启放气。

如表 3-3 所示为一些气体钢瓶的标志。

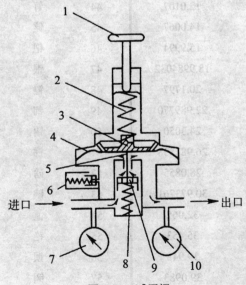

图 3-52　减压阀

1—手柄；2—主弹簧；3—弹射垫块；4—薄膜；5—顶杆；6—安全阀；

7—高压表；8—弹簧；9—活门；10—低压表

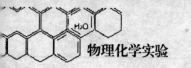
表 3-3　一些气体钢瓶的标志

气体类别	瓶身颜色	标字颜色	字　样
氮气	黑	淡黄	氮
氧气	淡（酞）蓝	黑	氧
氢气	淡绿	大红	氢
空气	黑	白	空气
二氧化碳	铝白	黑	液化二氧化碳
氦气	银灰	深绿	氦
液氨	淡黄	黑	液氨
氯	深绿	白	液氯
氩气	银灰	深绿	氩

注：详见 GB7144-1999　气瓶颜色标志。

4. 常用数据表（如表 3-4 至 3-21 所示）

表 3-4　2001 年国际相对原子质量表（Ar（^{12}C）= 12）

原子序数	名称	符号	相对原子质量	原子序数	名称	符号	相对原子质量
1	氢	H	1.00794	39	钇	Y	88.90585
2	氦	He	4.002602	40	锆	Zr	91.224
3	锂	Li	6.941	41	铌	Nb	92.90638
4	铍	Be	9.012182	42	钼	Mo	95.94
5	硼	B	10.811	43	锝	Tc	[98]
6	碳	C	12.0107	44	钌	Ru	101.07
7	氮	N	14.0067	45	铑	Rh	102.90550
8	氧	O	15.9994	46	钯	Pd	106.42
9	氟	F	18.9984032	47	银	Ag	107.8682
10	氖	Ne	20.1797	48	镉	Cd	112.411
11	钠	Na	22.989770	49	铟	In	114.818
12	镁	Mg	24.3050	50	锡	Sn	118.710
13	铝	Al	26.981538	51	锑	Sb	121.760
14	硅	Si	28.0855	52	碲	Te	127.60
15	磷	P	30.973761	53	碘	I	126.90447
16	硫	S	32.065	54	氙	Xe	131.293
17	氯	Cl	35.453	55	铯	Cs	132.90545
18	氩	Ar	39.948	56	钡	Ba	137.327
19	钾	K	39.0983	57	镧	La	138.9055
20	钙	Ca	40.078	58	铈	Ce	140.116

（续表）

原子序数	名称	符号	相对原子质量	原子序数	名称	符号	相对原子质量
21	钪	Sc	44.955910	59	镨	Pr	140.90765
22	钛	Ti	47.867	60	钕	Nd	144.24
23	钒	V	50.9415	61	钷	Pm	[145]
24	铬	Cr	51.9961	62	钐	Sm	150.36
25	锰	Mn	54.938049	63	铕	Eu	151.964
26	铁	Fe	55.845	64	钆	Gd	157.25
27	钴	Co	58.933200	65	铽	Tb	158.92534
28	镍	Ni	58.6934	66	镝	Dy	162.500
29	铜	Cu	63.546	67	钬	Ho	164.93032
30	锌	Zn	65.409	68	铒	Er	167.259
31	镓	Ga	69.723	69	铥	Tm	168.93421
32	锗	Ge	72.64	70	镱	Yb	173.04
33	砷	As	74.92160	71	镥	Lu	174.967
34	硒	Se	78.96	72	铪	Hf	178.49
35	溴	Br	79.904	73	钽	Ta	180.9479
36	氪	Kr	83.798	74	钨	W	183.84
37	铷	Rb	85.4678	75	铼	Re	186.207
38	锶	Sr	87.62	76	锇	Os	190.23
77	铱	Ir	192.217	94	钚	Pu	[244]
78	铂	Pt	195.078	95	镅	Am	[243]
79	金	Au	196.96655	96	锔	Cm	[247]
80	汞	Hg	200.59	97	锫	Bk	[247]
81	铊	Tl	204.3833	98	锎	Cf	[251]
82	铅	Pb	207.2	99	锿	Es	[252]
83	铋	Bi	208.98038	100	镄	Fm	[257]
84	钋	Po	[209]	101	钔	Md	[258]
85	砹	At	[210]	102	锘	No	[259]
86	氡	Rn	[222]	103	铹	Lr	[262]
87	钫	Fr	[223]	104		Rf	[261]
88	镭	Ra	[226]	105		Db	[262]
89	锕	Ac	[227]	106		Sg	[263]
90	钍	Th	232.0381	107		Bh	[261]
91	镤	Pa	231.03588	108		Hs	
92	铀	U	238.02891	109		Mt	
93	镎	Np	[237]				

注：[ ]中的数值为放射性元素半衰期最长的同位素的质量。

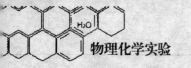

表3-5　国际单位制的基本单位

量	单位名称	单位符号
长　度	米	m
质　量	千克（公斤）	kg
时　间	秒	s
电流强度	安[培]	A
热力学温度	开[尔文]	K
物质的量	摩[尔]	mol
光　强度	坎[德拉]	Cd

表3-6　国际单位制中具有专门名称的导出单位

量的名称	单位名称	单位符号	其他表示示例
频　率	赫[兹]	Hz	s^{-1}
力	牛[顿]	N	$kg \cdot m \cdot s^{-2}$
压力，应力	帕[斯卡]	Pa	$N \cdot m^{-2}$
能[量]，功，热量	焦[耳]	J	$N \cdot m$
电荷[量]	库[仑]	C	$A \cdot s$
功　率	瓦[特]	W	$J \cdot s^{-1}$
电位，电压，电动势	伏[特]	V	$W \cdot A^{-1}$
电　容	法[拉]	F	$C \cdot V^{-1}$
电　阻	欧[姆]	Ω	$V \cdot A^{-1}$
电　导	西[门子]	S	$A \cdot V^{-1}$
磁通[量]	韦[伯]	Wb	$V \cdot S$
磁感应强度	特[斯拉]	T	$Wb \cdot m^{-2}$
电　感	亨[利]	H	$Wb \cdot A^{-1}$
摄氏温度	摄氏度	℃	

表3-7　力单位换算

牛顿（N）	千克力（kgf）	达因（dyn）
1	0.102	10^5
9.80665	1	9.80665×10^5
10^{-5}	1.02×10^{-6}	1

表3-8　压力单位换算

帕斯卡（Pa）	工程大气压（kgf/cm²）	毫米水柱（mmH$_2$O）	标准大气压（atm）	毫米汞柱（mmHg）
1	1.02×10^{-5}	0.102	9.86923×10^{-6}	0.0075
98067	1	10^4	0.9678	735.6
9.807	0.0001	1	0.9678×10^{-4}	0.0736
101325	1.033	10332	1	760
133.322	0.00036	13.6	1.31579×10^{-3}	1

注：$1Pa = 1N \cdot m^{-2}$，工程大气压 $= 1kgf \cdot cm^{-2}$，$1mmHg = 1Torr$，标准大气压即物理大气压，$1bar = 10^5N \cdot m^{-2}$。

表3-9 能量单位换算

焦耳（J）	尔格（erg）	千克力米 (kgf·m)	千瓦小时 (kW·h)	千卡，kcal（国际蒸气表卡）	升大气压 (L·atm)
1	10^7	0.102	277.8×10^{-9}	239×10^{-6}	9.869×10^{-3}
10^{-7}	1	0.102×10^{-7}	27.78×10^{-15}	23.9×10^{-12}	9.869×10^{-10}
9.807	9.807×10^7	1	2.724×10^{-6}	2.342×10^{-3}	9.679×10^{-3}
3.6×10^5	36×10^{12}	367.1×10^3	1	859.845	3.553×10^4
4186.8	41.87×10^9	426.935	1.163×10^{-3}	1	41.29
101.3	1.013×10^9	10.33	2.814×10^{-5}	0.024218	1

注：$1erg = 1dyn\cdot cm$，$1J = 1N\cdot m = 1W\cdot s$，$1eV = 1$。

表3-10 用于构成十进倍数和分数单位的词头

倍 数	词头名称	词头符号	分 数	词头名称	词头符号
10^{24}	尧[它]（yotta）	Y	10^{-1}	分（deci）	d
10^{21}	泽[它]（zetta）	Z	10^{-2}	厘（centi）	c
10^{18}	艾[可萨]（exa）	E	10^{-3}	毫（milli）	m
10^{15}	拍[它]（peta）	P	10^{-6}	微（micro）	μ
10^{12}	太[拉]（tera）	T	10^{-9}	纳[诺]（nano）	n
10^9	吉[咖]（giga）	G	10^{-12}	皮[可]（pico）	p
10^6	兆（mega）	M	10^{-15}	飞[母托]（femto）	f
10^3	千（kilo）	k	10^{-18}	阿[托]（atto）	a
10^2	百（hecto）	h	10^{-21}	仄[普托]（zepto）	z
10^1	十（deca）	da	10^{-24}	幺[科托]（yocto）	y

表3-11 常用物理常数

物理量名称	符 号	数 值	SI 单位	其他单位
重力加速度	g	9.80665	$m\cdot s^{-2}$	$10^2 cm\cdot s^{-2}$
真空中光速	c_0	2.99792458	$10^8 m\cdot s^{-1}$	$10^{10} cm\cdot s^{-1}$
普朗克常数	h	6.6260755	$10^{-34}J\cdot s$	$10^{-27}erg\cdot s$
玻耳兹曼常数	k	1.380658	$10^{-23}J\cdot K^{-1}$	$10^{-16}erg\cdot K^{-1}$
阿伏伽德罗常数	L, N_A	6.0221367	$10^{23}\cdot mol^{-1}$	
法拉第常数	F	9.6485309	$10^4 C\cdot mol^{-1}$	
元电荷	e	1.60217733	$10^{-19}C$	
	m_e	4.803		$10^{-10}esu$
电子静质量	m_p	9.1093897	$10^{-31}kg$	$10^{-28}g$
质子静质量	a_0	1.672623	$10^{-27}kg$	$10^{-24}g$
玻尔半径	μ_B	5.29177249	$10^{-11}m$	$10^9 cm$
玻尔磁子	μ_N	9.2740154	$10^{-24}J\cdot T^{-1}$	$10^{-21}erg\cdot G^{-1}$
核磁子	V_0	5.0507866	$10^{-27}J\cdot T^{-1}$	$10^{-24}erg\cdot G^{-1}$

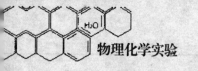
（续表）

物理量名称	符 号	数 值	SI 单位	其他单位
理想气体摩尔体积 （p=100kPa，t=0℃）	V_0	22.71108	$10^{-3}m^3 \cdot mol^{-1}$	
摩尔气体常数	R	8.314510	$J \cdot mol^{-1} \cdot K^{-1}$	$10^7erg \cdot mol^{-1} \cdot K^{-1}$
		1.9872		$cal \cdot mol^{-1} \cdot K^{-1}$
		8.2056		$10^{-2}m3 \cdot atm \cdot kmol-1$ $\cdot K^{-1}$
水的冰点		273.15	K	
水的三相点		273.16	K	

表 3-12 水的表面张力

温度（℃）	表面张力（mN·m⁻¹）	温度（℃）	表面张力（mN·m⁻¹）	温度（℃）	表面张力（mN·m⁻¹）
15	73.49	21	72.59	27	71.66
16	73.34	22	72.44	28	71.50
17	73.19	23	72.28	29	71.35
18	73.05	24	72.13	30	71.18
19	72.90	25	71.97	35	70.38
20	72.75	26	71.82	40	69.60

注：摘自 Robert C.Weast ，CRC Handbook of Chemistry and Physics.69thed. 1988-1989，F-34

表 3-13 水的饱和蒸气压

温度（℃）	饱和蒸气压（mmHg）	饱和蒸气压（Pa）	温度（℃）	饱和蒸气压（mmHg）	饱和蒸气压（Pa）
0	4.5851	611.29	21	18.659	2487.7
1	4.9302	657.31	22	19.837	2644.7
2	5.2903	705.31	23	21.080	2810.4
3	5.6903	758.64	24	22.389	2985.0
4	3.1003	813.31	25	23.770	3169.0
5	6.5451	872.60	26	25.224	3362.9
6	7.0104	934.64	27	26.755	3567.0
7	7.5104	1001.3	28	28.366	3781.8
8	8.0504	1073.3	29	30.061	4007.8
9	8.6107	1148.0	30	31.844	4245.5
10	9.2115	1228.1	31	33.718	4495.3
11	9.8476	1312.9	32	35.687	4757.8
12	10.521	1402.7	33	37.754	5033.5
13	11.235	1497.9	34	39.925	5322.9
14	11.992	1598.8	35	42.204	5626.7

（续表）

温度（℃）	饱和蒸气压 （mmHg）	饱和蒸气压 （Pa）	温度（℃）	饱和蒸气压 （mmHg）	饱和蒸气压 （Pa）
15	12.793	1705.6	40	55.365	7381.4
16	13.640	1818.5	45	71.930	9589.8
17	14.536	1938.0	50	92.588	12344
18	15.484	2064.4	60	149.50	19932
19	16.485	2197.8	80	355.33	47373
20	17.542	2338.8	100	760.00	101325

注：摘自 Robert H.Perry，Don W.Green.配里化学工程师手册，第七版.北京：科学出版社，2001

表 3-14 水的绝对黏度（mPa·s）

温度（℃）	0	1	2	3	4	5	6	7	8	9
0	1.7921	1.7313	1.6728	1.6191	1.5674	1.5188	1.4728	1.4284	1.3860	1.3462
10	1.3077	1.2713	1.2363	1.2028	1.1709	1.1404	1.1111	1.0828	1.0559	1.0299
20	1.0050	0.9810	0.9579	0.9359	0.9142	0.8937	0.8737	0.8545	0.8360	0.8180
30	0.8007	0.7840	0.7679	0.7523	0.73741	0.7225	0.7085	0.3947	0.6814	0.6685
40	0.6560	0.6439	0.6321	0.6207	0.6097	0.5988	0.5883	0.5782	0.5683	0.5588

表 3-15 水的折射率（钠光）

温度（℃）	折射率	温度（℃）	折射率	温度（℃）	折射率
0	1.33401	19	1.33308	26	1.33241
6	1.33385	20	1.33299	27	1.33230
10	1.33369	21	1.33290	28	1.33219
15	1.33341	22	1.33281	29	1.33206
16	1.33333	23	1.33272	30	1.33192
17	1.33325	24	1.33262		
18	1.33317	25	1.33252		

表 3-16 不同温度下液体的密度（单位：g·mL-1）

温度（℃）	水	乙醇	苯	汞	环己烷	乙酸乙酯	丁醇
5	0.999964	0.80207	-	13.58275		0.9186	0.8204
6	0.999940	0.8012	-	13.58028	0.7906	-	-
7	0.999901	0.8003	-	13.57782		-	-
8	0.999848	0.7995	-	13.5735		-	-
9	0.999781	0.7987	-	13.27289		-	-
10	0.999700	0.79788	0.887	13.57043		0.9127	-
11	0.99605	0.79704	-	13.56797		-	-
12	0.99497	0.79620	-	13.56551	0.7850	-	-

（续表）

温度（℃）	水	乙醇	苯	汞	环己烷	乙酸乙酯	丁醇
13	0.999377	0.79535	-	13.56305	-	-	0.8135
14	0.999244	0.79451	-	13.56059	-	-	-
15	0.999099	0.79367	0.883	13.55813	-	-	-
16	0.998943	0.79283	0.882	13.55567	-	-	-
17	0.998775	0.79198	0.882	13.55322	-	-	-
18	0.998595	0.79114	0.881	13.55076	0.7836	-	-
19	0.998405	0.79029	0.881	13.54831	-	-	-
20	0.998204	0.78945	0.879	13.54585	-	0.9008	-
21	0.997993	0.78860	0.879	13.54340	-	-	-
22	0.997770	0.78775	0.878	13.54094	-	-	0.8072
23	0.997538	0.78691	0.877	13.53849	0.7736	-	-
24	0.997296	0.78606	0.876	13.53604	-	-	-
25	0.997045	0.78522	0.875	13.53359	-	-	-
26	0.996784	0.78437	-	13.53114	-	-	-
27	0.996513	0.78352	-	13.52869	-	-	-
28	0.996233	0.78267	-	13.52624	-	-	-
29	0.995945	0.78182	-	13.52379	-	-	-
30	0.995647	0.78097	0.869	13.52134	0.7678	0.8888	0.8007

表 3-17　一些液体的蒸气压

	Lg(p/mmHg)=A−B(t+C)			ln(p/pa)=A′−B′/(T+c′)		
	A	B	C	A′	B′	C′
丙酮（5～50℃）	7.11714	1210.595	229.664	21.2805	2787.49	-43.49
醋酸（10～100℃）	7.38782	1533.313	222.309	21.9038	3530.58	-50.84
苯（8～103℃）	6.90565	1211.033	220.790	20.7937	2788.5	-52.36
环己烷（20～81℃）	6.84130	1201.53	222.65	20.6454	2766.62	-50.50
环己烯（20～80℃）	6.88617	1229.973	224.10	20.7488	2832.11	-49.05
乙酸乙酯（15～76℃）	7.10179	1244.95	217.88	21.2453	2866.60	-55.27
乙醇（-2～100℃）	8.32109	1718.10	237.52	24.0528	3956.07	-35.63
溴（5～50℃）	6.87780	1119.68	221.38			
碘（5～50℃）	9.8109	2901.0	256.00	27.4832	6679.8	-17.15
乙醚（-61～20℃）	6.9203	1064.07	228.80	20.8274	2450.11	-44.35
氯仿（-35～61℃）	6.4934	929.44	196.03	19.8444	2140.12	-77.12

注：①摘自迪安 JA 主编，尚久方等译，蓝氏化学手册，北京：科学出版社，1991.10～35

②式中的常数值，系由①式的 p-t 数据拟合而得。

表 3-18　标准电极电势（25C）

电极	E/N	反应式
$Li^+|Li$	-3.0401	$Li^+ + e^- = Li$
$K^+|K$	-2.931	$K^+ + e^- = K$
$Na^+|Na$	-2.71	$Na^+ + 2e^- = Ca$
$Ca^{2+}|Ca$	-2.858	$Ca^{2+} + 2e^- = Ca$
$Zn^{2+}|Zn$	-0.7613	$Zn^{2+} + 2e^- = Zn$
$Fe^{2+}|Fe$	-0.447	$Fe^{2+} + 2e^- = Fe$
$Cd^{2+}|Cd$	-0.4030	$Cd^{2+} + 2e^- = Cd$
$Co^{2+}|Co$	-0.28	$Co^{2+} + 2e^- = Co$
$Ni^{2+}|Ni$	-0.257	$Ni^{2+} + 2e^- = Ni$
$Sn^{2+}|Sn$	+0.1375	$Sn^{2+} + 2e^- = Sn$
$Pb^{2+}|Pb$	-0.1262	$Pb^{2+} + 2e^- = Pb$
$H^+|H_2 (g) |Pt$	0.00000	$2H^{2+} + 2e^- = H_2$
$Cu^{2+}|Cu$	+0.3419	$Cu^{2+} + 2e^- = Cu$
$I^-|I_2 (s) |Pt$	+0.5355	$I_2 + 2e^- = 2I^-$
$Fe^{3+}, Fe^{2+}|Pt$	+0.771	$Fe^{3+} + e^- = Fe^{2+}$
$Ag^+|Ag$	+0.7996	$Ag^+ + e^- = Ag$
$Br^-|Br_2 (I) |Pt$	+1.066	$Br_2 (I) + 2e^- = 2Br^-$
$Cl^-|Cl_2 (g) |Pt$	+1.35827	$Cl_2 (g) + 2e^- = 2Cl^-$
$Ce^{4+}, Ce|Pt$	+1.61	$Ce^{4+} + e^+ = Ce^{3+}$

表 3-19　强电解质活度系数（25℃）

质量摩尔浓度 $(mol \cdot kg^{-1})$ 物　质	0.001	0.002	0.005	0.01	0.02	0.05	0.1	0.2	0.5	1.0
HCl	0.966	0.952	0.928	0.904	0.875	0.830	0.796	0.767	0.758	0.809
HNO_3	0.965	0.951	0.927	0.902	0.871	0.823	0.785	0.748	0.715	0.720
H_2SO_4	0.830	0.757	0.639	0.544	0.453	0.340	0.265	0.209	0.154	0.130
$AgNO_3$			0.92	0.90	0.86	0.79	0.72	0.64	0.51	0.40
$CuCl_2$	0.89	0.85	0.78	0.72	0.66	0.58	0.52	0.47	0.42	0.43
$CuSO_4$	0.74		0.53	0.41	0.31	0.21	0.16	0.11	0.068	0.047

（续表）

质量摩尔浓度/(mol·kg⁻¹) 物　质	0.001	0.002	0.005	0.01	0.02	0.05	0.1	0.2	0.5	1.0
KCl	0.965	0.952	0.927	0.901		0.815	0.769	0.719	0.651	0.606
K_2SO_4	0.89		0.78	0.71	0.64	0.52	0.43	0.36		
$MgSO_4$				0.40	0.32	0.22	0.18	0.13	0.088	0.064
NH_4Cl	0.961	0.944	0.911	0.88	0.84	0.79	0.74	0.69	0.62	0.57
NH_4NO_3	0.959	0.942	0.912	0.88	0.84	0.78	0.73	0.66	0.56	0.47
NaCl	0.966	0.953	0.929	0.904	0.875	0.823	0.780	0.73	0.68	0.66
$NaNO_3$	0.966	0.953	0.93	0.90	0.87	0.82	0.77	0.70	0.62	0.55
Na_2SO_4	0.887	0.847	0.778	0.714	0.641	0.53	0.45	0.36	0.27	0.20
$PbCl_2$	0.86	0.80	0.70	0.61	0.50					
$ZnCl_2$	0.88	0.84	0.77	0.71	0.64	0.56	0.50	0.45	0.38	0.33
$ZnSO_4$	0.70	0.61	0.48	0.39			0.15	0.11	0.065	0.045

表3-20　无限稀释离子摩尔电导（单位：$10^{-4} m^2 \cdot S \cdot mol^{-1}$）

离子	0℃	18℃	25℃	50℃
H^+	240	314	349.65	465
K^+	40.4	64.6	73.48	115
N_a^+	26	43.5	50.06	82
NH_a^+	40.2	64.5	73.5	115
A_g^+	32.9	54.3	61.9101	
$\frac{1}{2}B_a^{2+}$	33	55	63.6	104
$\frac{1}{2}C_a^{2+}$	30	51	59.47	98
$\frac{1}{3}La^{3+}$	35	61	69.7	119
OH^-	105	172	198	284
Cl^-	41.1	65.5	76.31	116
NO_3^-	40.4	61.7	71.42	104
$\frac{1}{2}SO_4^{2-}$	41	68	80.0	125
$\frac{1}{2}C_2O_4^{2-}$	39	63	73	115
$\frac{1}{4}F_e(CN)_b^{4-}$	58	95	110.4	173

注：25℃数据摘自 RobertC，Weast，CRC Handbook of Chemistry and Physics，66thed，1985-1986.D-167

表 3-21　K 型（镍铬-镍铝）热电偶的电动势—温度关系（冷端温度为 0℃）

工作端温度 ℃	0	1	2	3	4	5	6	7	8	9
					E/μV					
+0	0	39	79	119	158	198	238	277	317	357
10	397	437	477	517	557	597	637	677	718	758
20	798	838	879	919	960	1000	1041	1081	1122	1163
30	1203	1244	1285	1326	1366	1407	1448	1489	1530	1571
40	1612	1653	1694	1735	1776	1817	1858	1899	1941	1982
50	2023	2064	2106	2147	2188	2230	2271	2312	2354	2395
60	2436	2478	2519	2561	2602	2644	2685	2727	2768	2810
70	2851	2893	2934	2976	3017	3059	3100	3142	3184	3225
80	3267	3308	3350	3391	3433	3474	3516	3557	3599	3640
90	3682	3723	3765	3806	3848	3889	3931	3972	4013	4055
100	4096	4138	4179	4220	4262	4303	4344	4385	4427	4468
110	4509	4550	4591	4633	4674	4715	4756	4797	4838	4879
120	4920	4961	5002	5043	5084	5124	5165	5206	5247	5288
130	5328	5369	5410	5450	5491	5532	5572	5613	5653	5694
140	5735	5775	5815	5856	5896	5937	5977	6017	6058	6098
150	6138	6179	6219	6259	6299	6339	6380	6420	6460	6500
160	6540	6580	6620	6660	6701	6741	6781	6821	6861	6901
170	6941	6981	7021	7060	7100	7140	7180	7220	7260	7300
180	7340	7380	7420	7460	7500	7540	7579	7619	7659	7699
190	7739	7779	7819	7859	7899	7939	7979	8019	8059	8099
200	8138	8178	8218	8258	8298	8338	8378	8418	8458	8499
210	8539	8579	8619	8659	8699	8739	8779	8819	8860	8900
220	8940	8980	9020	9061	9101	9141	9181	9222	9262	9302
230	9343	9383	9423	9464	9504	9545	9585	9696	9666	9707
240	9747	9788	9828	9869	9909	9950	9991	10031	10072	10113
250	10153	10194	10235	10276	10316	10357	10398	10439	10480	10520
260	10561	10602	10643	10684	10725	10766	10807	10848	10889	10930
270	10971	11012	11053	11094	11135	11176	11217	11259	11300	11341
280	11382	11423	11465	11506	11547	11588	11630	11671	11712	11753
290	11795	11836	11877	11919	11960	12001	12043	12084	12126	12167
300	12209	12250	12291	12333	12374	12416	12457	12499	12540	12582
310	12624	12665	12707	12748	12790	12831	12873	12915	12956	12998
320	13040	13071	13123	13165	13206	13248	13290	13331	13373	13415
330	13457	13498	13540	13582	13624	13665	13707	13749	13791	13833

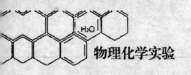物理化学实验

WULIHUAXUE SHIYAN　　　　　三 四 来　　　五

表5.21　K型（镍铬）电偶（镍硅）热电偶的E-t关系（冷端温度为0℃）　　（续表）

工作端温度 ℃	0	1	2	3	4	5	6	7	8	9
					E/μV					
340	13874	13916	13958	14000	14042	14084	14126	14167	14209	14251
350	14293	14335	14377	14419	14461	14503	14545	14587	14629	14671
360	14713	14755	14797	14839	14881	14923	14965	15007	15049	15091
370	15133	15175	15217	15259	15301	15343	15385	15427	15469	15511
380	15554	15596	15596	15680	15722	15764	15806	15849	15891	15933
390	15975	16017	16059	16102	16144	16186	16228	16270	16313	16355
400	16397	16439	16482	16524	16566	16608	16651	16693	16735	16778
410	16820	16862	16904	16947	16989	17031	17074	17116	17158	17201
420	17243	17285	17328	17370	17413	17455	17497	17540	17582	17624
430	17667	17709	17752	17794	17837	17879	17921	17964	18006	18049
440	18091	18134	18176	18218	18261	18303	18346	18388	18431	18473
450	18516	18558	18601	18643	18686	18728	18771	18813	18856	18898
460	18941	19893	19026	19068	19111	119154	19196	19239	19281	19324
470	19366	19409	19451	19495	19537	19579	19622	19664	19707	19750
480	19792	19835	19877	19920	19962	20005	20048	20090	20133	20175
490	20218	20261	20303	20346	20389	20431	20474	20516	20559	20602
500	20644	20687	20730	20772	20815	20857	20900	20943	20985	21028
510	21071	2113	21156	21199	21241	21284	21326	21369	21412	21454
520	21497	21540	21582	21625	21668	21710	21753	21796	21838	21881
530	21924	21966	22009	22052	22094	22137	22179	22222	22265	22307
540	22350	22393	22435	22478	22521	22563	22606	22649	22691	22734
550	22776	22819	22862	22904	22947	22990	23032	23075	23117	23160
560	23203	23245	23288	2331	23373	23416	23458	23501	23544	23586
570	23629	23671	23714	23757	23799	23842	23884	23927	23970	24012
580	24055	24097	24140	24182	24225	24267	24310	24353	24395	24438
590	24480	24523	24565	24608	24650	24693	24736	24778	24820	24863
600	24905	24948	24990	25033	25075	25118	25160	25203	25245	25288
610	25330	25373	25415	25458	25500	25543	25585	25627	25670	25712
620	25755	25797	25840	25882	25924	25967	26009	26052	26094	26136
630	26179	26221	26263	26306	26348	26390	26433	26475	26517	26560
640	26602	26644	26687	26729	26771	26814	26856	26898	26940	26983
650	27025	27067	27109	27152	27194	27236	27278	27320	27363	27405
660	27447	27489	27531	27574	27616	27658	27700	27742	27784	27826
670	27869	27911	27953	27995	28037	28079	28121	28163	28205	28247

（续表）

工作端温度	0	1	2	3	4	5	6	7	8	9
℃					E/μV					
680	28289	28332	28374	28416	28458	28500	28542	28584	28626	28668
690	28710	28752	28794	28835	28877	28919	28961	29003	29045	29087
700	29129	29171	29213	29155	29297	29338	29380	29422	29464	29506
710	29548	29589	29631	29673	29715	29757	29798	29840	29882	29924
720	29965	3007	30049	30090	30132	30174	30216	30257	30299	30341
730	30382	30424	30466	30507	30549	30590	30632	30674	30715	30757
740	30798	30840	30881	30923	30964	31006	31047	31089	31130	31172
750	31213	31255	31296	31338	31379	31421	31462	31504	31545	31586
760	31628	31669	31710	31752	31793	31834	31876	31917	31958	32000
770	32041	32082	31214	32165	32206	32247	32289	32330	32371	32412
780	32453	32495	32536	32577	32618	32659	32700	32742	32783	32824
790	32865	32906	32947	32988	33029	33070	33111	33152	33193	33234

注：摘自 GB/T16839.1-1977，热电偶，第一部分；分度表

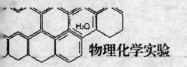
参 考 文 献

[1] 罗澄源，向明礼等著. 物理化学实验：第四版. 北京：高等教育出版社，2004.11.

[2] 复旦大学大学等编. 物理化学实验北京：高等教育出版社，2004.6

[3] 北京大学化学系物理化学教研室著. 物理化学实验：第三版. 北京：北京大学出版社，1995.10

[4] Washburn E R，Hnizda V，Vold R. A study of ethyl alcohol in benzene，in water，and in benzene and water. J Am Chem Soc，1931，53（9）：3237～3244

[5] Vold R D，Washburn E R. A study of solutions of ethyl alcohol in cyclohexane，in water and in cyclohexane and water. J Am Chem Soc，1932，54（11）：4217～4225

[6] Udale B A. Wells J D. A ternary phase diagram for a less hazardous system. J Chem Educ，1995，72（12）：1106

[7] Karukstis K K，Avrantinis S K. Boegeman S L，et al. Spectroscopic determination of ternary phase diagrams. J Chem Educ，2000，77（6）：701～703

[8] Gordon S. Differential thermal analysis. J Chem Educ，1963，40（2）：A87～A116

[9] 神户博太郎. 热分析. 刘振海等译. 北京：化学工业出版社，1982.8～13：66～67

[10] Wiederhold E. Influence of temperature and catalyst on the decomposition of potassium chlorate in a simple DTA-Apparatus. J Chem Educ，1983，60（5）：431～434

[11] Wiessberger A，Rossiter B W. Techniques of chemistry. Vol Ⅰ. Part Ⅴ，Chapter Ⅶ：Differential thermal analysis. New York：John-Wiley & Sons，1971

[12] Keenen A G. Differential thermal analysis of the thermal decomposition of ammonium nitrate. J Am Chem Soc，1955，77（5）：1379～1380

[13] Onuchukwu A I，Mshelia P B. The Production of Oxygen gas. J Chem Educ，1985，62（9）：808-811

[14] Goldstein J R，Tseung A C C.Kinetics of Oxygen reduction on graphite cobalt-Iron oxide electrodes with coupled heterogeneous chemical decomposition of H2O2.J Phys Chem，1972，76（24）：3646-3656

[15] Cota H M. Decomposition of dilute hydrogen peroxide in alkaline solution. Nature，1964，203（4951）：1281

[16] 王苏文，袁立新，徐达圣等.微机在 H2O2 分解动力学实验中的应用.大学化学,1996，11（2）：42-44

[17] 向明礼，龙彦辉，吕建平等. 中断方式下信号的实时检测与处理——皂化反应速度常数的测定[A]. 实验技术与实验室管理论文集[C]（上）. 成都：电子科技大学出版社，2001：93～96

[18] 向明礼，甘斯祚.物理化学实验——"溶液表面张力测定"中数据处理的讨论.成都科技大学学报，1993，（6）

[19] 国家技术监督局计量司. 1990 年国际温标宣贯手册. 北京：中国计量出版社，1990

[20] Pitts E，Priestley P T. Constant sensifiviry bridge for thermistor thermometers. J Sci Instrum，1962，39（1）：75～77